Copyright © 2021 Vijay Boyapati.

Bu eserin tüm hakları saklıdır.

Bu eserin hiçbir parçası, fotokopi, kayıt gibi metodlarla, elektronik veya mekanik hiç bir şekilde kopya edilemez, çoğaltılamaz, yayımlanamaz. Kısmi alıntılar kritik eleştrilerde ve ticari olmayan makalelerin içerisinde telif hakları kanununun izin verdiği ölçüde kullanılabilir.

ISBN: 978-1-7372041-6-9

Kapak ve bölüm illüstrasyonları: @BitcoinUltras.

Kitaptaki grafikler: Sanjay Mavinkurve.

Kapak ve baskı tasarımı: Anton Khodakovsky.

Amerika Birleşik Devletlerinde basılmıştır.

Bitcoin İçin Boğa Senaryosu

VİJAY BOYAPATİ

İÇİNDEKİLER

ÖNSÖZ .... İX
ÖNDEYİŞ 1
   PROMETHEUS 1
   GORDİON DÜĞÜMÜ 3
   KIRILMA NOKTASI 8

1. PARANIN DOĞUŞU VE KÖKENİ 11
   DOĞUŞ 11
   PARANIN KÖKENİ 13

2. İYİ BİR DEĞER SAKLAMA ARACININ ÖZELLİKLERİ 19
   DAYANIKLILIK 22
   TAŞINABİLİRLİK 23
   BİRE BİR İKAME EDİLİRLİK 24
   DOĞRULANABİLİRLİK 25
   BÖLÜNEBİLİRLİK 26
   NADİRLİK 26
   KABUL GÖRMÜŞLÜK 27
   SANSÜRLENME ZORLUĞU 28

3. PARANIN EVRİMİ 31
   PATİKAYA BAĞLILIK 35

4. PARASALLAŞMANIN ŞEKLİ 41
   HYPE EĞRİLERİ 41
   GARTNER EKÜRİLERİ 43
   YARILANMALARIN ETKİSİ 49
   ULUS DEVLETLERİN YAKLAŞIMI 52
   DEĞİŞ TOKUÇ ARACI HALİNE GELMEK 54

5. YENİ PARASAL TABAN 59
   SIK KARŞILAŞILAN YANLIŞ ANLAMALAR 59
   BİTCOİN BİR BALON MUDUR? 59
   BİTCOİN DEĞER SAKLAMA ARACI OLMAK İÇİN ÇOK MU VOLATİL? 60
   BİTCOİN YATIRIM YAPMAK İÇİN ÇOK MU PAHALI? 60
   BİTCOİN GÖNDERİ ÜCRETLERİ ÇOK MU YÜKSEK? 62
   BİTCOİN ÇOK MU ELEKTRİK TÜKETİYOR? 64
   RAKİP BİR KRİPTOPARA BİTCOİN'İ YOK EDEBİLİR Mİ? 69
   ÇATALLANMALAR BİTCOİN İÇİN BİR TEHDİT OLUŞTURUR MU? 71
   BİTCOİN GERÇEKTEN SINIRLI SAYIDA MI OLACAK? 73
   GERÇEK RİSKLER 73
      PROTOKOL RİSKİ 73
      DEVLET SALDIRILARI RİSKİ 74
      MADENCİLİĞİN MERKEZÎLEŞMESİ RİSKİ 80
      MUHAFAZA RİSKİ 85
      MERKEZ BANKASI POLİTİKALARININ YARATABİLECEĞİ RİSKLER 86
      TEKRARDAN İPOTEKLENME RİSKİ 88
      İKAME EDİLEBİLİRLİĞİN MÜKEMMEL OLMAMASI 92
   SONUÇ 93

EPİLOG **99**
    BÜYÜK TARTIŞMA   99
    PROTOKOLLERİN DEĞİŞTİRİLEMEZLİĞİ   102
    BÖLÜNME   103
    SON   106

TEŞEKKÜRLER **109**
SORUMLULUK REDDİ **111**
YAZAR HAKKINDA **113**
İNDEKS **115**

Bitcoin'in kendileri için daha iyi bir dünya yaratacağına yürekten inandığım Addie, Will ve Vivi'ye.

ÖNSÖZ

2020 YILI PANDEMISI, DÜNYA EKONOMISININ ÜZERINE BIR karabulut gibi çöküp 10 yıl içerisinde adım adım yaşayacağımız dijital dönüşümü birkaç aya sığdırmamıza sebep oldu. Geleneksel dükkân ve işletmelerin işlerinin duraksayıp yerlerini salt dijital servisler ve hizmetlerin aldığını gördük. Milyonlarca işletme ve milyarlarca insan, şimdiye kadar yüzleşmek zorunda kaldıkları en büyük değişime uyum sağlamak zorundaydı.

2020'nin ikinci çeyreğinde firmamız Microstrategy'yi, COVID yüzünden karşılaşacağımız yeni kısıtlamalara ve değişen düzene uyumlu hale getirmekle yüzleşirken bulduk. Elimizde modernize bir kurumsal yazılım firması ile yarım milyar dolar üzerinde ve artmaya devam eden nakit varlık vardı. Dijital dünyaya uyumlu bir kurum olduğumuzdan ilk bakışta iş akışımızda bir sorun gözükmemekle beraber ilerisi için tehlike çanları çalıyordu.

Amerika Birleşik Devletleri'nin COVID ile mücadele adına aldığı aksiyonlardan birisi parasal enflasyonu üç katına çıkarmak oldu. Parasal genişleme ile elimizdeki kapitalin maliyeti %20'yi geçmişti, bununla beraber geleneksel hazine yatırımlarının getirisi %0 civarındaydı. Elimizdeki nakit ve gelecekteki nakit akışımız sırtımıza yük olmaya başlamıştı. Sabit bir şekilde büyüyen kârlı bir işletmenin hisse senetleri bile, parasal enflasyon karşısında değer kaybına uğrar ve yatırım camiası tarafında desteklenemez hale gelmişti.

Bu problem, pandemi öncesindeki 10 yılda da hayatımızda olmasına rağmen bu kadar ciddi bir sorun teşkil etmiyordu. 2010 ve 2019 yılları arasında parasal enflasyon %7 civarındaydı ve yatırımcılar sonuçları ne olursa olsun CEO ve CFO'ları nakit akışlarını arttırmaları yönünde sürekli sıkıştırıyordu. Firma yöneticileri de eldeki bütün nakit parayı kullanıp üzerine de borçlanma yolunu seçerek ya kendi hisselerini satın alıyor ya da başka firmaları satın alarak kar marjlarını %7'lik parasal büyüme ile başa çıkacak hale getirmek durumundaydı. Şirket satın almaları genellikle uzun vadede alıcı firmalar için farklı sorunlar yaratıyordu. Alınan şirketin entegrasyonu için harcanan çaba ve emek asıl iş için harcanabilecek enerjiyi azaltıyordu. Buna rağmen satın almalar firmalar maksimum borç yüküne gelene ve daha fazla borçlanamayana kadar devam etti.

Aşmamız gereken %7'lik hedef ve bunun için gerçekleştirdiğimiz aksiyonlar, firmamızın halka açıldıktan sonraki 20 yıllık sürecinde toplam değerinin %99'u kaybetmesine sebep oldu. Hedefleri tutturmak adına gerçekleştirdiğimiz ardı arkası kesilmeyen iş birlikleri borç yükünü arttırdığı gibi birbirinden bağımsız ve kontrol edilmesi gereken bir sürü iş ünitesi oluşturdu. 2020 yılının 2. çeyreğinde parasal enflasyon üçe katlayıp %20'nin üzerine çıkınca, parasal enflasyon yükü ile aynı şekilde mücadele ederek başa çıkamayacağımızın farkına vardık. Her zamanki gibi devam etmemiz durumunda binlerce çalışanımızın ürettiği milyonlarca aktivitenin değeri sadece birkaç merkez bankasının daha çok para basma emriyle değersiz hale getirilebilirdi.

Köleliğin yolu, katlanarak (*exponentially*) artan para miktarının karşısında katlanarak daha fazla çalışmana rağmen alım gücünün azalmasından geçer.

Bu süreçte çözümün K şeklinde bir toparlanma olacağını öngördük. Wall Street parasal genişlemenin etkisi ile pandemi sürecinin yaralarını hızlıca sarabilirken, üretken diğer firmalar yavaş yavaş değer kaybına uğruyordu. Parasal enflasyonun olduğu ortamlarda ekonomik olarak hayatta kalmanın yolu elinde enflasyonun sebep olduğu değer kaybından hızlı bir şekilde değer kazanan varlıklar bulundurmaktır. Biz de bu düşünceye paralel olarak, nakit ve hazine bonoları yerine koyabileceğimiz varlık sınıfları arayışına girdik. Bu arayış sürecinde Vijay Boyapati'nin muhteşem tezi ile karşılaştık.

Bitcoin İçin Boğa Senaryosu matematik, bilgisayar bilimleri, ekonomi, felsefe, politika ve mühendislik konularına hâkim, çok yönlü bir yazar tarafından yazılmış, zarif ve aynı zamanda entelektüel olarak kuvvetli bir makale idi. Mart 2020 sonrasında dünyanın teknolojiye dayalı yeni bir para birimine geçme ihtiyacı benim için artık bariz bir hale gelmişti. Vijay Boyapati'nin bu makaleyi yazdığı 2018 Şubat'ında ise bu ihtiyacı fark etmek için yüksek idrak gücü, cesaret ve ikna olmuşluk gerekliydi.

Boyapati, kısa ama kesin bir şekilde, para teorisini, Bitcoin'in anatomisini, Bitcoin'i kendinden önce gelen altın ve itibari para (*fiat money*) standartlarına nispeten üstün yapan özellikleri ve bu teknolojinin insanlığa sağlayabileceği katkıları anlatıyor. Bu parasallaşmaya başlayan varlığın ilerleyeceği yolu ve gidişatı, para ile ilgili meslek sınıflarında bulunmayan kişilerin de anlayabileceği sadelikte gözler önüne seriyor. Yeni katılımcıları bu dijital para ağının özü ve özellikleri ile tanıştırırken oluşabilecek tereddütleri ve soruları da cevaplıyor. Ben "Bitcoin İçin Boğa Senaryosu" makalesini ilk okuduğumda büyülenmiştim. Şirketteki orta ve üst düzey çalışanların kendilerini Bitcoin konusunda eğittikleri süreçte, makale tavsiye edilen kaynakçalar arasına eklendi. Bitcoin geleceğimiz için en mantıklı patika olarak gözükmeye başlamıştı. Makale kitap formuna dönüşürken, Boyapati makalede bahsettiği kavramları ve düşüncelerini açarak daha geniş bir perspektiften anlatımda bulunuyor.

Microstrategy olarak 2020 yılının 3. çeyreğinde Bitcoin'i hazinemizin asıl rezerv varlık birimi haline getirmeye ve Bitcoin standardına geçen borsaya kote ilk şirket olmaya karar verdik. Sonuç olarak da milyarlarca dolar değerinde Bitcoin alımı gerçekleştirdik. Bitcoin'in hem dijital varlık hem de dünyanın ilk dijital parasal ağı olmasını anlamak isteyen bütün çalışanlarımıza, hissedarlarımıza ve paydaşlarımıza "Bitcoin için boğa senaryosu" tavsiye ediyoruz. Umarız ki sizler de bu çalışmadan en az bizim kadar fayda görürsünüz.

Michael J. Saylor
Başkan ve CEO, MicroStrategy
Miami Beach, Florida
27 Mart 2021

ÖNDEYİŞ

PROMETHEUS

Bitcoin gizemli ve olağandışı bir ortaya çıkış hikâyesine sahip. Bütün detaylarını tam olarak öğrenemeyecek olsak bile, 3 Ocak 2009 tarihinde nerede olduğu bilinmeyen, kimliği belli olmayan birisi, bilgisayar klavyesinin tuşuna basarak tarihteki en önemli yazılımlardan birinin başlangıcını yaptı. Bilgisayar, *hash* adı verilen belirli bir paterni, dijital bir samanlıkta iğne ararcasına arayıp bulduktan sonra, günümüzde blokzinciri adını alan, finansal işlemlerin kaydedilebildiği dijital kütüğün (defter) ilk blokuna kaydetti. Bulunması birkaç dakika ya da saat süren—kimse tam olarak ne kadar sürdüğünü bilmiyor—*hash*in bulunması ile Genesis blok ortaya çıktı ve dünyanın ilk tam anlamı ile merkezsiz dijital değer birimi nefes almaya başladı. Bitcoin'in esrarengiz mucidinin kimliği, inanılmaz bir şekilde günümüzde bile gizliliğini koruyor. Tek bildiğimiz ise takma adı, yani Satoshi Nakamoto.

Yaklaşık olarak 2 ay öncesinde 31 Ekim 2008 tarihinde Nakamoto, Bitcoin'in teknik özelliklerinin bulunduğu bir dokümanı, içerisinde kod ve kodu özgürleştirmek ile ilgilenen insanların bulunduğu bir kriptografi e-posta listesi ile paylaştı.[1] Listedeki çoğu üye, kendisini *cypherpunk* olarak

---

[1] http://bullishcaseforbitcoin.com/references/bitcoin-announcement

tanımlayan, kriptografi yardımı ile mahremiyeti arttırmaya çalışan, toplumları devletlere ve devletlerin potansiyel zorbalıklarına karşı özgürleştirme konusunda kararlı kişilerdi. Nakamoto'nun e-postası grup içerisinde çok fazla hayran elde etmeyi başaramamış hatta bir sürü kişi de projeye şüphe ile yaklaşmıştı. Daha öncesinde de dijital para icat etmek üzere girişimleri olan insanların olduğu bu grupta bile Nakamoto'nun e-posta duyurusunun önemi anlaşılamamıştı. İstisnai kişilerden birisi, kariyerinin büyük bir çoğunluğunu dijital para yaratmaya adamış ve aynı zamanda da dijital para yaratmanın ne kadar zor olduğunun farkında olan, üstün yetenekli kriptograf ve bilgisayar bilimcisi Hal Finney'di. Bitcoin'in ilk duyurusu hakkında yorum yapması istendiğinde Finney aşağıdaki cümleleri kurmuştur.

"Satoshi, Bitcoin'i kriptografi e-posta listesi ile paylaştığında, duyuruya kuşkulu bir şekilde yaklaşıldı. Kriptograficilere, konu hakkında hiçbir bilgiye sahip olmayan çaylaklar tarafından sürekli benzer projeler sunuluyordu. Kuşku ile yaklaşmak artık bir refleks halini almıştı."[2]

Hal Finney 28 Ağustos 2014 tarihinde ALS olarak da bilinen Lou Gehrig hastalığından dolayı trajik bir şekilde vefat etti. Kendisi dijital bir paranın, özellikle de Bitcoin'in bulunması için çok önemli ve sayısız katkıda bulunmuştur.

2   http://bullishcaseforbitcoin.com/references/finney-skepticism

GORDİON DÜĞÜMÜ

Emekli Intel çalışanı ve *cypherpunk* hareketinin kurucusu Tim May, 1992 yılında Silikon Vadisi'nde, kendisi ile benzer düşünce yapısındaki radikallerin bulunduğu küçük bir gruba, *Kripto Anarşi Manifestosu*'nu sunduğu andan itibaren *cypherpunk*lar dijital ve devleti olmayan bir paranın önemini fark etmişti. May, manifestosunda şöyle diyordu:

> "Bilgisayar teknolojisi ile, şahıslar ve grupları tamamen anonim bir şekilde iletişime geçirebilmenin eşiğindeyiz. İki kişi, birbirinin gerçek adını, yasal kimliğini bilmeden mesajlaşabilir, iş yapabilir ve elektronik kontratlar üzerinde uzlaşabilir."[3]

İki farklı varlığın iş yapabilmesi için para gerekliydi. Para, bütün ticaret ve birikimin temeli olduğu için gelişmiş bir ekonomideki en önemli varlıktı. Metallerin metali olan kadim altın binlerce yıl boyunca para görevini üstlenmiştir. Altının fiziki olması ise onun, merkezleşmeye iten, ele geçirilebilir ve devletsel ataklara açık hale getiren Aşil tendonudur. Yirminci yüzyılda devletlerin paranın üretimi ve dolaşımını kontrol etme arzusu, altının global bir para olması yolculuğunda çok önemli bir engel teşkil etmiştir. Anonim ödemeleri hayata geçirme arzusunda olan *cypherpunk*lar dijital parayı geliştirirken altının zaaflarını göz önüne alarak devletlerin potansiyel baskılarına karşı hayatta kalabilecek bir teknoloji geliştirmeyi umdular.

[3] http://bullishcaseforbitcoin.com/references/anarchist-manifesto

Amerikalı bilgisayar bilimcisi David Chaum 1983 yılında eCash adını verdiği bir tasarım yayımladı. eCash kriptografi kullanarak kullanıcıların finansal gizliliğini koruyabilecek ilk sistem girişimiydi. 1989 yılında Chaum, DigiCash adını verdiği bir firma kurarak bu icadını ticarileştirmeye çalışmıştı, yalnız bu girişiminde finansal başarıyı yakalayamadı. eCash, DigiCash firması tarafından piyasaya sürülüyordu, bu da eCash'in merkezî olması demekti. Paranın merkezî bir otorite tarafından yaratılıp kontrol edilebiliyor olması, sistemik risklerin tek bir noktada toplanmasına sebepti. Nitekim DigiCash firmasının 1998 yılındaki iflası ile eCash'in de yolculuğu sona ermiştir. 1990'lı yıllarda kriptograflar ve *cypherpunk*ların, dijital formda bir para yaratırken, başa çıkmaları gereken en büyük zorluklardan birisi de merkezî otoriteyi ve zaaflarını ortadan kaldırmaktı.

Adam Back, Nick Szabo, Wei Dai gibi isimler 90'lı yılların sonlarında önemli gelişmeler kaydetmelerine rağmen, elzem sorunlardan birisine cevap bulunamamıştı. Merkezî bir otorite olmadan dijital nadirlik (*digital scarcity*) nasıl garanti edilebilirdi? Parayı para yapanın, nadirliği olduğu konusu 16. yüzyılın başlarında İspanyol Salamanca Okulu tarafından fark edilmişti. Yalnız, datanın kolaylıkla ve çok ucuza kopyalanabileceği dijital bir âlemde nadirlik, entelektüel mülkiyet haklarının korunması kanununda olduğu gibi sadece devletler tarafından hukuken korunabilirdi.

İngiliz kriptograf Adam Back'in 1997 yılında bulduğu HashCash, dijital nadirliğe, iş yapma kanıtı (*proof-of-work*) ekleyerek ulaşmayı sağlayan bir konseptti. Programın ilk çıkış amacı istenmeyen ve *spam* olarak görülen e-postaların sayısını azaltmaya çalışmaktı. Back'in önerdiği sistemde e-posta gönderilmeden önce bilgisayarın detaylı bir hesaplama yaparak belli bir *hash*i bulması gerekti, bir tane *hash* bulması kolay olsa da *spam* e-postalar göndermek için bir sürü *hash* bulmak, zaman gerektiriyor ve beraberinde de elektrik maliyeti yaratıyordu. Bir *hash* bir kere bulunduktan sonra, *hash*in otantik olup olmadığının geri sağlaması kolayca ve hızlıca yapılabilir ve ortalama enerji maliyetinin bilinmesi halinde bu *hash*i üretmenin maliyeti de çıkarılabilirdi. *Hash*, özünde bir işin daha önceden yapıldığının kriptografik bir kanıtıdır. Back'in planına göre, e-posta gönderecek kişiler, e-postalarına emsali olmayan, tek bir e-posta için bir sentin yüzde biri maliyeti olduğu için göz ardı edilebilecek bir *hash* eklemeliydi. Normal bir şekilde e-posta kullanan kişileri etkilemeyen bu sistem binlerce adet olarak gönderilen *spam* e-postalar için ciddi bir maliyete sebep oluyordu. HashCash de kendinden önceki sistemler gibi ticari bir başarı yakalayamadı çünkü para olarak kullanımını sağlayacak temel fonksiyonlara sahip değildi. İş yapma kanıtları ileriki zamanlarda, merkezsiz sistemlerin, birbirine güvenmeyen taraflarının koordinasyonu için kritik bir yere sahip olacaktı.

 Amerikalı bilgisayar mühendisi Wei Dai, 1998 yılında b-money adını verdiği sistem ile, Chaum'un eCash projesinin sahip olduğu merkeziyet sorununu çözmek için teklifte bulundu. Limitli bir para arzını garantileyen merkezî bir otorite yerine, Dai bütün katılımcıların dijital bir kütük (defter) tutup sistemdeki diğer herkesin o anda ne kadar parası olduğunu kaydettiği dağıtık bir veri tabanı önerdi. Dai'nin teklifinin pratik bir karşılık bulmamasının sebepleri ise varsaydığı iki koşulu gerçekleştirmekteki imkânsızlıktı. Önerisi, taraflar arasında neredeyse anlık bilgi aktarımı ve datanın onaysız bir şekilde değiştirilememesi varsayımına ihtiyaç duyduğundan öneri hiçbir zaman uygulamaya geçemedi.

B-money'nin Dai tarafından teklif edildiği yıl, Amerikalı hezarfen (*polymath*) Nick Szabo da bit gold adını verdiği farklı bir sistem tasarladı. Bit gold da hiçbir zaman uygulamaya geçmese de Szabo'nun dizaynı, fiziksel nadirliği dijital nadirliğe taşımada önemli bir sıçrayıştı. Szabo'nun "unforgeable costliness" olarak bahsettiği sistem, bir şeyin sahtesini üretmenin maliyetinin yüksek olması nedeni ile sahtesinin yapılmasının bir anlamı olmamasıydı. Szabo, bit gold'u Adam Back'in iş yapma kanıtı sisteminden feyzalarak kullanıcıların yeni dijital jetonlar (*token*) üretebilmek için spesifik *hash*leri bulması gerekeceği şekilde tasarladı. Spesifik *hash*leri bulmak zaman ve enerji harcanmasına sebep olacağından, para yani dijital jeton arzını arttırmanın ciddi bir maliyeti vardı. Dijital jetonların sahipliği ise, Wei Dai'nin b-money önerisinde olduğu gibi sahiplik kulübü adı verilen, dağıtık kütüklerden (*ledger*) oluşan bir veri tabanı ağında tutulacaktı.

Merkezsiz paraya Nick Szabo'nun bit gold'u ile çok yaklaşılmasına rağmen teknolojinin ilerleme hızı önemli sorunlar yaratacak gibi duruyordu. Bilgisayarların işlem güçlerinin sürekli olarak artması, geçmişte uzun sürelerde bulunan bir *hash*in günümüzde çok daha çabuk bulunmasına sebep oluyordu, bu da farklı zamanlarda yaratılan *hash*lerin farklı değerlere sahip olması demekti. Farklı değerlerdeki *hash*ler ise paranın en önemli özelliklerinden biri olan ikame edilebilir olması özelliğini kaybetmesi demekti. Bit gold, adını aldığı altından ziyade daha çok elmasa—düzensiz şekiller ve kalitelerde olmasından dolayı birbiri ile takası kolay değildi—benzeyen bir dijital varlıktı. Bit gold'un karşısındaki ikinci önemli engel ise varlıkların kaydedildiği sahiplik kulübünün Sybil saldırısına, yani kişilerin birden fazla sahte sahiplik kulübü hesabı ya da bilgisayar aracılığı ile ağı ele geçirip, defterlere farklı bakiyeler girerek, sahip olmadıkları paraları kendilerininmiş gibi gösterme ihtimali vardı. Szabo bu soruna karşı farklı çözümler üretmeye çalışsa da çözümler çok karmaşıktı ve bit gold projesi de sadece teoride kaldı.

Bir yüzyılın bitip diğerinin başladığı 2000'li yıllarda, *cypherpunk*ların merkezsiz bir dijital varlık yaratma hayali de yavaş yavaş yok oluyordu. Kendinden önceki gelişmeleri dikkatli bir şekilde takip eden Hal Finney 2004 yılında Nick Szabo'nun bit gold projesinin daha basit bir hali olan RPOW (tekrardan kullanılabilir iş bitirme kanıtları) projesi ile merkezsiz para projesini tekrardan hayata döndürme çabasında bulundu. Szabo ve Dai'den farklı olarak Finney'in projesinin çalışan bir prototipi de vardı. RPOW ile de Chaum'un eCash projesindeki gibi merkezî bir otoriteye güvenmek gerekiyordu. Finney'in merkezî otoriteyi ortadan kaldırmaya yönelik teklifi ise verinin onaysız bir şekilde değiştirilmesine izin vermeyen bir bilgisayar donanımı kullanmaktı. Böyle bir donanım zorunlu merkezî bir otoriteden daha güvenli olsa da donanım kolaylıkla kapatılıp ağa erişim sonlandırılabilirdi.

Zaman geçmiş, yıl 2008 olmuştu, dünya uzun bir aradan sonra karşılaştığı en büyük global ekonomik kriz ile çalkalanırken, kriptografi e-posta listesindeki bir sürü üye de merkezsiz dijital bir para yaratmanın mümkün olmadığını düşünmeye başlamıştı. Tam bu sıralarda Satoshi Nakamoto, kendinden çok emin bir şekilde merkezsiz para problemini çözdüğünü duyurdu. Kendisini çok ama çok az üye ciddiye almıştı.

KIRILMA NOKTASI

Bitcoin duyurulduktan birkaç hafta sonra Hal Finney, Satoshi Nakamoto'yu yeni buluşu hakkında soru yağmuruna tutmaya başlamıştı. Finney, ilk bakışta, Bitcoin önerisinin eşsiz değerinin, merkezî olmayan bir dijital para üretme alanında yaratabileceği potansiyel sıçramanın farkına varmıştı. Bitcoin'in bileşenlerinin hiçbirisi yeni değildi, alışılmışın dışında bir kriptografi de kullanılmıyordu, Nakamoto'nun Bitcoin önerisi ile yaptığı, ekonomik teşviklerle kriptografik garantiyi mükemmel bir dengeye oturtmaktı.

Bizans Generalleri problemi olarak bilinen, bilgisayar bilimcilerinin 1970'lerden beri çözümü için çaba gösterdiği problem çözümü Nakamoto'nun dizaynının bir parçasıydı. Bizans Generalleri problemi, birbirinden farklı tarafların, birbirinin koordinatlarını bilmeden, 3. bir aracı kurum olmadan, nasıl iletişime geçip ortak bir hedefe yürüyebileceğine cevap arıyordu. Nick Szabo 2011 yılında şöyle yazıyordu:

"Nakamoto, benim dizaynımdaki (bit gold) önemli bir güvenlik açığını, Bizans problemine karşı dirençli bir şekilde çalışan, eşlerden eşlere olan bir sisteme, iş yapma kanıtlarını (POW) sistemin bir düğümü (*node*) olarak ekleyerek, güvenilmeyen çoğunluk düğümler tarafından maliyetsiz bir şekilde ele geçirme ihtimalini egale etti. Bu, merkezsiz sistemler için çok önemli ama değeri ilk bakışta anlaşılmayacak bir özellikti."[4]

Problemin çözümü çok büyük teknik bir kırılım olsa da kriptografi e-posta listesine dâhil pek çok uzman bu çözümün değerini ilk başta kavrayamadı. 31 Ekim 2008 yılında ortaya atılan bu buluş eninde sonunda dünyayı değiştirecek güçteydi.

[4] http://bullishcaseforbitcoin.com/references/szabo-bit-gold

BÖLÜM 1
PARANIN DOĞUŞU VE KÖKENİ

Bitcoin'in değerinin bir trilyon doların üzerine çıktığı şu günlerde, bazı yatırımcılar Bitcoin boğa senaryosunun kaçınılmaz olduğunu ve açıklanma ihtiyacı bile olmadığı görüşünde. Tezat olarak da büyük bir kısım yatırımcı herhangi bir emtia veya devlet tarafından desteklenmeyen bu volatil dijital varlığı, lale balonu veya dot.com balonuna yatırım yapmaya benzetip, yatırım yapmayı sersemlik olarak görüyor. İki grup da yanılıyor, Bitcoin'in boğa senaryosu çok ikna edici olmasına rağmen bazılarının düşündüğü kadar açık ve net değil. Bitcoin'e yatırım yapmanın büyük riskleri olduğu gibi, ileriki sayfalarda da tartışacağım üzere uçsuz bucaksız imkânlar da sunabilir.

DOĞUŞ

Tarih boyunca hiçbir zaman, birbiri arasında mesafe olan iki parti, devlet veya banka gibi aracı bir kuruma güven duyma ihtiyacı olmadan değer transferi yapamamıştır. 2008 yılında, kimliğini hâlâ bilmediğimiz Satoshi Nakamoto, çok uzun zamandır bilgisayar bilimcileri tarafından çözülmeye çalışılan Bizans Generalleri probleminin 9 sayfalık bir çözümünü yayımladı.[5] Nakamoto'nun bu çözümü ve bu çözümü

---

5 http://bullishcaseforbitcoin.com/references/white-paper

kullanarak bulduğu sistemle—Bitcoin—birlikte tarihte ilk defa birbirinden uzak şahıslar arasında minimum güven gerektirecek şekilde hızlı bir değer transferi gerçekleşti. Bitcoin hem ekonomi hem de bilgisayar bilimi açısından çığır açacak bir keşif, bu iki disiplinde de ödül kazanan tek kişi olan Herbert Simon gibi, zamanı geldiğinde Nakamoto'ya da hak ettiği bu iki ödül verilmelidir.

Bir yatırımcı gözünden bakıldığında Bitcoin buluşunun en göze çarpan kısmı sınırlı sayıda yarattığı dijital ürün olan Bitcoinlerdir. Bitcoinler, madencilik adı verilen bir metot ile Bitcoin ağı üzerinde çıkarılan ve transfer edilebilir dijital jetonlardır. Bitcoin madenciliği kabaca bir şekilde altın madenciliğine benzese de altından farklı olarak üretim belli ve stabil bir üretim eğrisini takip eder. Dizaynı gereği sadece 21 milyon Bitcoin, madencilik yolu ile çıkarılabilecektir, daha da önemlisi bu yazıyı yazdığım tarih itibari ile 18.7 milyon Bitcoin madencilik yolu ile zaten çıkarıldı. Her dört yılda bir, madencilik yolu ile çıkarılacak Bitcoin sayısı yarılanmaktadır ve 2140 yılında ise hedef olan 21 milyon Bitcoin sayısına ulaşılıp madenciliğin bitmesi öngörülmektedir.

Bitcoinlerin arkasında herhangi bir fiziksel ürün, devletler veya firma olmaması yeni yatırımcılara, Bitcoin'in neden herhangi bir değeri var ki sorusunu sordurtmuştur. Hisseler, bonolar, gayrimenkul, hatta yağ ve buğday gibi emtialarda olduğu gibi Bitcoin'de ileriye dönük nakit akış analizleri yapılamaz veya Bitcoinler katma değerinin arttırılacağı üretimlerde olduğu gibi hammadde/yarı mamul

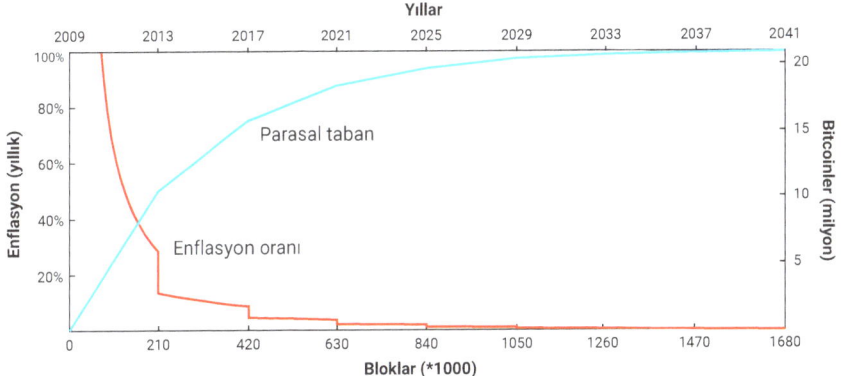

talebi görmez. Bitcoinler, değerin oyun teorisi ile oluştuğu farklı bir kategori olan parasal ürünler kategorisinde yer alır. Oyun teorisinde değer, pazarın ürüne biçtiği ve biçeceğini öngördüğü değer ile açıklanır. Parasal ürünlerin oyun teorik olarak değerlenmelerini anlamamız için ilk önce paranın kökenini araştırmamız faydalı olacaktır.

PARANIN KÖKENİ

İlk insan toplumlarında ticaret, değiş tokuş metodu kullanılarak gerçekleşiyordu. Değiş tokuşun verimsizlikleri ticaretin ölçeklenmesi ve coğrafik olarak yayılmasının önünde önemli bir engel oluşturuyordu. Değiş tokuştaki temel sorunlardan birisi değiş tokuşu yapacak tarafların ihtiyaçlarının örtüşmemesiydi. Elma üretici birisi balık almak isteyebilirdi ama balıkçının, balıklarının karşılığında elma istememesi, bu ticaretin gerçekleşmesine engel olurdu. İnsanlar bu engelin önüne geçebilmek adına zaman ile birlikte daha nadir, sembolik değeri olan koleksiyon ürünlerini değiş tokuş araçları olarak kullanmaya başladı (örneğin deniz kabukları, hayvan dişleri, çakıllar). Nick Szabo, paranın kökenini yazdığı mükemmel makalesinde, Homo Sapiens'in koleksiyon özelliği olan ürünleri biriktirmesinin biyolojik olarak en yakın rakibi olan Neandertallere karşı evrimsel avantaj sağladığından bahseder. Szabo der ki, "koleksiyon ürünlerinin ilkel ve nihai evrimi, servet saklama ve transferi için ortam yaratmıştır".[6]

Koleksiyon özelliği olan ürünler, birbiri ile çok fazla iletişimi olmayan kabileler arasında ticareti sağlayıp, servetlerin jenerasyonlar arasında transferini gerçekleştirerek ilkel bir para vazifesi görmüştür. Paleolitik dönemin toplumlarında koleksiyon ürünlerinin ticareti ve transferi oldukça nadir olarak karşımıza çıkar, bu dönemde koleksiyon ürünleri genellikle alışveriş aracılık etmekten ziyade servet saklama görevini üstlenir. Szabo'nun dönem ile ilgili açıklaması şöyledir:

> "İlkel paraların dolaşım hızları modern paralara nispeten çok daha düşüktü, ortalama bir bireyin parasının dolaşım sayısı bir elin parmaklarını geçmezdi. Bununla beraber iyi bir koleksiyon ürünü (ata yadigârı) jenerasyonlar boyunca dayanabilir ve zaman ile birlikte değerini katlayabilirdi, bazı ürünlerin değeri o kadar çok katlanırdı ki değiş tokuşu imkânsız hale gelirdi."

---

[6] http://bullishcaseforbitcoin.com/references/shelling-out

Erken insanlık için önemli bir oyun teorisi ikilemi de hangi koleksiyon ürünün değerini saklayıp hangisinin saklayamayacağını bulmaktı: Hangi ürünler başkaları tarafından da arzu edilip değerlenecekti? Doğru ürünleri tahmin edip bunları toplayıp/üretmek, bu ürünlerin sahiplerine o zaman için bile akıl almayacak bir zenginlik ve ticarette kolaylık sağladı. Naragansetler gibi bazı Kızılderili kabileleri, koleksiyon değerleri olmasa hiçbir değeri olmayacak ürünleri sadece ticari değeri olduğu için üretmekte uzmanlaştı. Bir ürünün ileride göreceği talebi daha erkenden tahmin eden ürün sahiplerine bu ürünlerin geri dönüşleri de çok cömert oldu. Talebin düşük olduğu, rekabetsiz zamanda düşük maliyetle sahibi olunan bu ürünlere daha fazla insan sahip olmak istedikçe değerleri arttı. Bir ürünün değerleneceği umudu ile ona sahip olunması o ürünün değer saklama aracı olma sürecini de hızlandırdı. Bu dairesel geri bildirim döngüsü toplumların değer saklama aracı olarak tekil bir üründe uzlaşmasına sebep oldu. Bu, oyun teorisinde Nash dengesi[7] olarak bilinir. Bir değer saklama aracı konusunda uzlaşıp Nash dengesinin bulunması, toplumdaki iş bölümü ve ticareti kolaylaştırarak, toplumun refah ve medeniyet seviyesini ileriye taşır.

Geçtiğimiz binlerce yıl içerisinde insan toplulukları büyüyüp, ticaret rotaları açıldıkça, farklı toplulukların değer saklama araçları olarak gördükleri nesneler birbiri ile bir yarışa girdi. Tüccarlar ve kervan sahiplerinin artık aldıkları ücretleri hangi değer saklama biriminde

[7] http://bullishcaseforbitcoin.com/references/nash-equilibrium

İpek Yolu

tutmaları gerektiğine karar vermeleri gerekiyordu. Kendi toplumlarında geçerli olan birimde mi tutmalılardı yoksa ticaret gerçekleştirdikleri toplumların değer saklama araçlarını mı kullanmalıydılar, acaba ikisini de dengeleyip iki değer saklama aracına sahip olmak en iyisi miydi? Tüccarlar, aldıkları yabancı değer saklama araçlarını kendi toplumları içerisinde popüler hale getirmek gibi bir güdüye de sahiptiler çünkü bu onların elindeki değer saklama aracına talebi arttırarak yabancı para kullanmalarına rağmen alım güçlerinin artmasına izin veriyordu. Tüccarların ticareti arttıkça, tüccarlar bir nevi değer saklama aracı ithalatı yapmaya başlamış oluyordu, bunun faydasını da bütün toplum görüyordu. İki topluluğun ortak bir değer saklama aracına geçmesi ticareti kolaylaştırdığı için verimliliği arttırıp maliyetleri düşürüyordu. Bunu doğrulayacak örneklerden birisi 19. yüzyılda toplumların doğal olarak tekil bir değer saklama aracı olan altına yönelmesi ve takibinde de alışverişin tepe noktasına çıkmasıdır. Bu dönem ile ilgili olarak Lord Keynes şunu söylüyor:

"İnsanlığın ekonomik gelişimi serüveninde nasıl bir dönemdi o öyle ... hayat, ortalamanın üstünde bir kapasitede ve karakterde olan, orta sınıf ve üst sınıf herkese kolaylıklar, rahatlıklar, geçmişin en zengin ve güçlü hükümdarlarının erişemeyeceği olanaklar sunuyordu. O zamanların Londra'sında yaşayan birisi, dünyanın herhangi bir yerinden, uygun gördüğü miktarda ürünü, erkenden kapısına teslim edilecek şekilde, yatağında çayını yudumlarken, telefon üzerinden verebiliyordu."[8]

---

8 http://bullishcaseforbitcoin.com/references/lord-keynes-quote

BÖLÜM 2
İYİ BİR DEĞER SAKLAMA ARACININ ÖZELLİKLERİ

Değer saklama araçları birbirleri ile yarışa girdikleri zaman, hangisinin kazanan araç olacağını ve talebin artacağını birtakım spesifik özellikler belirler. Tarih boyunca bir sürü enstrüman değer saklama aracı olarak kullanılmıştır, tarihsel döngü bu sayede bize ideal değer saklama araç özelliklerini net olarak gösterir.

- **Dayanıklılık:** Ürünün kolaylıkla bozulmaması ve yok edilememesi gereklidir. Bu yüzden buğday iyi bir değer saklama aracı değildir.

- **Taşınabilirlik:** Ürünü kolaylıkla taşınmalı ve depolanabilmeli, bu özellikleri ile kaybetmesi zor ve hırsızlığa karşı emniyetli olurken mesafeler arası ticarete izin verebilir. Bu yüzden altın bir bilezik bir inekten daha iyi bir değer saklama aracıdır.

- **Bire bir ikame edilebilirlik**: Ürünün herhangi bir parçası aynı miktarda başka bir ürün ile bire bir değiştirilebilir olmalıdır. İkamesi olmayan ürünlerde, ihtiyaç örtüşmemesi sorunu ile karşılaşılabilir. Altın, değişik şekilleri ve kaliteleri olan elmaslara nispeten ikamesi olan bir üründür. 1 gram altın = 1 gram altındır.

- **Doğrulanabilirlik:** Ürünün gerçeği ve sahtesinin ayrımının kolay ve doğrulanabilir olması avantajdır. Kolay doğrulanabilirlik ürünü alanın aldığı üründen emin olmasını sağladığından ticaretin gerçekleşmesini kolaylaştırır.

- **Bölünebilirlik:** Ürün daha küçük parçalara bölünebilir olmalıdır. Bu özellik erken insan toplumları için daha az önemliydi, yalnız ticaret arttıkça ve çeşitlendikçe değiş tokuşu yapılan değer saklama araçları farklı birimlere sahip olmaya ve küçülmeye başladı.

- **Nadirlik:** Nick Szabo'ya göre parasal ürünlerin yüksek sahteleştirme maliyeti olması gerekli. Başka bir deyişle, ürün her yerde karşımıza çıkan bir ürün olmamalı ve üretiminin maliyetinin yüksek olması gerekli. İnsanoğlunun nadir olanı biriktirme arzusundan dolayı, belki de nadirlik, bir değer saklama aracının sahip olabileceği en önemli özelliktir. İlk değer saklama araçlarının da bu özelliği taşıyan ürünler olduğunu görüyoruz.

- **Kabul görmüşlük:** Bir ürün toplum tarafından ne kadar uzun süre değerli olarak görülürse değer saklama aracı olarak kabulü de o kadar kolaylaşır. Uzun zamandır kabul görmüş bir değer saklama aracını, piyasaya yeni girmiş bir ürünün koltuğundan etmesi oldukça zordur. Yeni ürünün kendini kanıtlamış değer saklama aracının yerini alması için ya yeni ürün çok üstün özelliklere sahip olmalı ya da topluma zor kullanılarak kabul ettirilmelidir.

- **Sansürlenme zorluğu:** Modern ve dijitalleşen dünyada hızla yayılan dijital gözetim kültürü ile birlikte değer saklama araçları için sansürlenme zorluğu önem kazanmaya başladı. Sansürlenme zorluğu,

	Bitcoin	Altın	İtibari
Dayanıklılık	B	A+	C
Taşınabilirlik	A+	D	B
Bire bir ikame edilebilirlik	B	A	B
Doğrulanabilirlik	A+	B	B
Bölünebilirlik	A+	C	B
Nadirlik	A+	A	F
Kabul görmüşlük	D	A+	C
Sansürlenme zorluğu	A	C	D

devlet veya şirketler gibi 3. bir tarafın bir ürünün kullanımını engellemesinin zorluk seviyesi ile ilgilidir. Sansürlenmesi zor olan ürünler, özellikle, kapital kontrollerin tatbik edildiği rejimlerde bulunan şahıslar için ideal kullanım sunar.

Aşağıdaki tablo Bitcoin, altın ve itibari para (dolar vb.) birimlerini önceki paragraflarda bahsettiğimiz özelliklere göre derecelendiriyor ve her bir notun açıklamasını yapıyor.

DAYANIKLILIK

Dayanıklılığın tartışılmaz kralı altındır. Şimdiye kadar çıkarılan altının büyük çoğunluğu ki buna Firavunların takılarında kullandıkları binlerce yıllık altınlar da dâhil, hiçbir bozulmaya uğramadan günümüzde de kullanılabiliyor, binlerce yıl sonrasında da kullanılabilir olarak kalacak. Antika altın paralar da ciddi şekilde değerlerini koruyorlar. İtibari para birimleri ve Bitcoin ise fiziksel olarak da şekil alabilen (Örneğin banknotlar) dijital kayıtlardan ibarettirler. Eskiyen ve şekli bozulan kâğıt paraları merkez bankasına teslim ederek yenilerini almak mümkündür. Bitcoin ve itibari para birimlerini fiziksel dayanıklılıklarına göre değil de bu paraları basan veya üreten kuruluşlar üzerinden sınıflandırmak daha doğru olur. Çağlar boyunca yeni devletler kurulup yıkıldıkça bunlarla birlikte yeni itibari para birimleri ortaya çıkmış ve yok olmuştur. Weimar Cumhuriyeti'nin bastığı üç çeşit para olan Papiermark, Rentenmark ve Reichsmark, cumhuriyetin ortadan kalkması ile birlikte günümüzde hiçbir değer taşımamaktadır. Bugün, İngiliz poundu ve Amerikan doları gibi itibari para birimleri, kendinden öncekilere göre daha uzun ömürlü olmalarına rağmen, tarihimizi kılavuz olarak aldığımız vakit, itibari para birimlerine uzun ömürler biçmek naiflik olur. Merkezî bir otoritesi olmayan Bitcoin ise, çalışmasını sağlayan güvenlik ağı korunduğu sürece değerli olacağından, dayanıklı gözüküyor. Bitcoin'in dayanıklılığını tartışırken daha emekleme safhasındaki bir para olduğunu unutmamak gerekir. Hayatımızda olduğu kısa zaman diliminde bilgisayar korsanları tarafından sayısız defa saldırıya uğrayıp ulus devletler tarafından sansürlenmeye ve regüle edilmeye çalışılması Bitcoin'i durdurmadı. Bitcoin ağı, *antikırılganlık*[9] gösterip eskisinden daha sağlam bir şekilde yoluna devam etti.

TAŞINABİLİRLİK

Bitcoin insanlığın kullandığı en taşınabilir değer saklama aracıdır. Yüzlerce milyon dolar değerinde Bitcoin'i kontrol eden özel anahtarlar (*private keys*) ufacık bir flaş bellekte saklanıp istenilen yere kolaylıkla taşınabilir. Daha da ötesi, istenilen değerdeki Bitcoin dünyanın öbür ucundaki birisine anında iletilebilir. İtibari para birimleri de temel olarak dijital tabanlı olduklarından oldukça taşınabilirdirler. Yalnız, arkalarındaki merkezî otoritelerin regülasyonları ve kapital kontrollerden dolayı büyük miktarlardaki paraları göndermek genellikle birkaç günü bulur, bazı

[9] http://bullishcaseforbitcoin.com/references/anti-fragility

durumlarda da transferlere izin verilmez. Kapital kontrollerin es geçilmesi istenen durumlarda nakit para kullanılabilir, nakit parayı saklamanın ve nakletmenin de kendine göre bir maliyeti vardır. Ağırlığı yüksek ve fiziki olan altın ise aralarındaki taşıması en güç olan değer saklama aracıdır. Külçe altınların taşındığına nadiren şahit oluruz. Genelde bir alıcı ve satıcı arasında olan külçe altın ticaretinde, külçe altının bulunduğu yer değişmez, sadece sertifikası yeni sahibinin adına transfer edilir. Büyük miktarlarda altını transfer etmek maliyetli, riskli ve planlaması uzun zaman gerektiren bir süreçtir.

BİRE BİR İKAME EDİLİRLİK

İkame edilebilirliğin standardını altın oluşturmuştur. Ergitilmiş bir gram altın ile ergitilmiş başka bir gram altını birbirinden ayırmak imkânsızdır, piyasalarda da ticareti gramajı üzerinden kolaylıkla yapılabilir. İtibari para birimleri ise onları üreten güçlerin izin verdiği ölçüde ikame edilebilirdir. Bir itibari banknotun, onları kabul eden tüccarlar tarafından genellikle diğerleri gibi muamele görmesi söz konusu olsa da büyük banknotların küçük banknotlardan farklı muamele gördüğü durumlar vardır. Örnek vermek gerekirse Hindistan hükümeti vergi kaçırılan gri bölgedeki ticareti önlemek adına 500 ve 1000 rupi değerindeki banknotları tedavülden kaldırdı. Bu paraların piyasada dolaşımı devam etse de artık değerleri, üzerinde yazanın altındaydı. Yani bu paralar daha küçük banknotlar ile bire bir ikame edilebilir değildi, 500 rupi verip iki tane iki yüz, bir tane yüz rupi almak mümkün değildi. Bitcoin ağ üzerinde bire bir ikame edilebilir, ağ üzerinde gönderilmeye çalışılan her Bitcoin ağ tarafından aynı muameleyi görür. Ancak Bitcoinler blokzincir üzerinde takip edilebilir olduğundan—Bitcoin ağı üzerinde yapılan her işlem, herkesin bu bilgiye ulaşabileceği şekilde kaydedilir—bir Bitcoin'in öncesinde yasadışı bir işlemde kullanıldığı biliniyorsa, bazı işletmeler o spesifik Bitcoin'i lekeli olarak görüp almak istemeyebilirler. Bitcoin'in ağ protokolünde, mahremiyet ve anonimliği arttırmaya yönelik çalışmalar yapılmakta, bu çalışmalar tamamlanmadan Bitcoin'i altın kadar bire bir ikame edilebilir olarak kabul edemiyoruz.

DOĞRULANABİLİRLİK

Altın ve itibari paraların gerçek olup olmadığını anlamak çok zor değildir. Yalnız, ulus devletler, banknotlarını ne kadar emniyetli yaparsa yapsın, kalpazanlığı tamamen durduramamış, vatandaşlar da zaman zaman sahte paralar ile yüzleşmek durumunda kalmıştır. Konusunda uzman bazı dolandırıcılar ise altına benzer ağırlıktaki tungsteni altın kaplayarak sahte altın satmayı başarmıştır.[10] Bitcoin ağında ise doğrulanabilirlik matematiksel kesinlikle gerçekleştirilebilir, Bitcoin sahibi olduğunu iddia eden birisi kriptografik imzalar kullanarak sahip olduğu Bitcoinleri ispatlayabilir.

10 http://bullishcaseforbitcoin.com/references/fake-gold

BÖLÜNEBİLİRLİK

Bir Bitcoin'in, yüz milyonda bire bölünüp, küçük birimler ile transferi yapılabilir (çok küçük miktarları göndermek yüksek ağ ücreti olduğu zaman mantıklı olmayabilir). İtibari para birimleri ise alım gücü düşük metal bozuk paralara bölünüp yeterli bölünebilirliği sağlayabilir. Altını çok küçük parçalara bölmek fiziksel olarak mümkün olsa da günlük alışverişlerde kullanılabilecek hale getirmek hiç pratik değildir.

NADİRLİK

Bitcoin'i altın ve itibari para türlerinden en net şekilde ayıran özelliği önceden belirlenmiş nadirliğidir. Dizaynından mütevellit, en fazla 21 milyon adet Bitcoin üretilebilir. Bu, Bitcoin sahibi kişileri toplam ağdan ne kadar pay alacaklarını bilmesini sağlar. On adet Bitcoin'i olan birisi, dünyada en fazla 2.1 milyon insanın daha (toplam nüfusun %0,03'ünden az) kendisi kadar Bitcoin sahibi olacağını net olarak bilebilir. Altın, tarih boyunca nadir kalmıştır ama arzı dönem dönem dalgalanmalar gösterir. Yeni ve daha ekonomik bir madencilik teknolojisinin geliştirilmesi ile hızlı bir arz artışı kaçınılmaz olur (örneğin deniz tabanı madenciliği,[11] astroid madenciliği[12]). Son olarak da itibari para birimlerine gelecek olursak, kısa geçmişlerine rağmen, kullanıma girdiklerinden beri sürekli arz artışı yaşamışlardır. Ulus devletler, kısa vadeli politik sorunlarını çözmek adına para tabanını genişletme konusunda ısrarlı

---

[11] http://bullishcaseforbitcoin.com/references/deep-sea-mining
[12] http://bullishcaseforbitcoin.com/references/asteroid-mining

eğilim göstermiştir. Dünya genelinde, hükümetlerin enflasyonist yaklaşımları, değer saklama aracı olarak itibari para kullananların birikimlerinin değer kaybetmesi ihtimalini arttırır.

KABUL GÖRMÜŞLÜK

Medeniyetin başından beri bizimle olan parasal ürün altının, kendini kanıtlamış bir geçmişi vardır. Hiçbir parasal ürün geçmişi konusunda altının eline su dökemez. Antik zamanda bile basılan altın paralar hâlâ değerini saklamakta.[13] Aynısını yakın tarihin bir anomalisi olarak hayatımıza girmiş itibari para birimleri için söylemek çok zor. İtibari para birimleri, konsept halden pratiğe geçtikleri günden itibaren kaçınılmaz bir değersizleşme eğilimi gösterdiler.

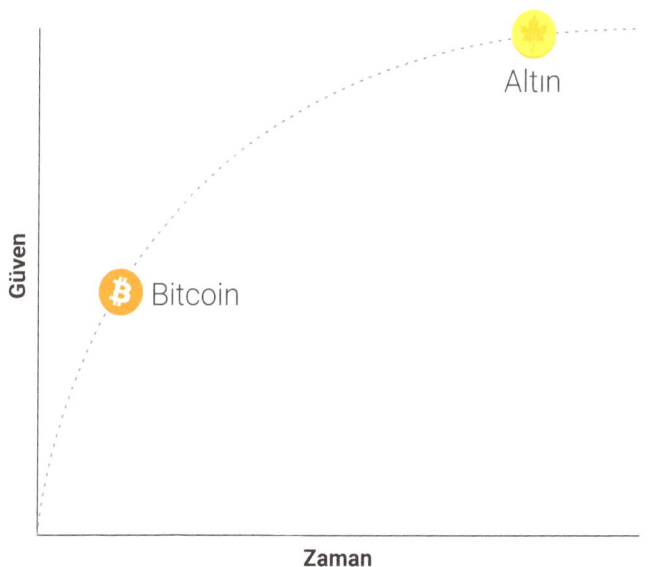

13   http://bullishcaseforbitcoin.com/references/hoxne-hoard

Enflasyonu görünmez, sinsi bir vergi aracı olarak kullanmamayı çok az ülke başarabilmiştir. İtibari para birimlerinin parasal tabanı domine ettiği 20. yüzyılda, eğer tek bir ekonomik gerçek varsa, o da orta ve uzun vadede itibari para birimlerinin değerlerini saklayamayacaklarıdır. Bitcoin çok yakın bir süre önce hayatımızın bir parçası olsa da piyasada türlü türlü denemelere tabi tutulup, testleri geçince değerli varlık statüsünü kolayca kaybetmeyeceğine hepimiz şahit olduk. Kabul görmüşlüğün basit bir anlatımı olan Lindy etkisi de der ki, Bitcoin ağı çalışmaya devam ettikçe, toplumun Bitcoin'in gelecekte de çalışmaya devam edeceği konusunda güveni artacaktır.[14] Aşağıdaki grafikte de görüleceği üzere yeni bir parasal ürüne olan sosyal güven, doğası gereği sonuşmazdır (*asymptotic*).

20 yıl daha hayatımızda olması halinde, Bitcoin, tıpkı internette olduğu gibi, büyük çoğunluk tarafından hayatımızın bir parçası olarak görülecek.

SANSÜRLENME ZORLUĞU

Bitcoin'in ilk ciddi taleplerinden birisini yasadışı uyuşturucu ticareti oluşturmuştur. Bu yüzden çoğu kişi, hatalı olarak, Bitcoinlere olan bu talebin anonimliğinden kaynaklandığını düşündü. Bitcoin, ağ üzerindeki gerçekleşen her işlemin sonsuza dek kaydedildiği, halka açık bir blokzinciri olan, anonimlikten uzak bir para birimi. İşlemlerin tarihsel geçmişine kolayca ulaşılması, geriye dönük adli analizler yardımı ile para akışını gerçekleştiren kişiye

[14] http://bullishcaseforbitcoin.com/references/lindy-effect

ulaşılmasını sağlayabilir. Meşhur MtGox hırsızlığının arkasındaki kişiye ulaşmayı da geriye dönük bir adli analiz sağlamıştır.[15] Yeteri kadar dikkatli ve özen gösteren birisi Bitcoin kullanırken kimliğini saklayabilir, yalnız uyuşturucu ticaretinde Bitcoin'i esas olarak popüler yapan özellik, yeterli çaba ile *gizli kalabilme* değildi. Bitcoin'in ağ katmanında izinsiz bir yapıya sahip olması usulsüz gözükebilecek ticaretler için cezbediciydi. Bitcoin ağına, Bitcoin transfer emri girildiğinde, hangi işlemin onaylanıp onaylanmayacağını kontrol eden şahıslar yoktur, yani izin alınacak kimse bulunmaz. Doğası gereği şahıstan şahsa işlemlere izin veren bu dağıtık ağ yapısı, Bitcoin transferlerini sansürlenmeye karşı çok dirençli bir hale getirir. İtibari bankacılık (*fiat banking*) sisteminde ise devletler, bankalar ve diğer regülatif yapıları denetleyip, usulsüz olma ihtimali olan parasal işlemleri durdurabilir. Para transferi regülasyonlarına örneklerden birisi kapital kontrollerdir. Baskıcı rejimin olduğu bir ülkede yaşayan ve bu ülkeyi terk etmeyi düşünen zengin bir milyoner, bankalar aracılığı ile servetini başka bir ülkeye taşımaya çekinebilir. Altın, devletler tarafından basılmadığı ve dolaşımında bankacılık kullanılmadığından hareketi daha kolay olsa da altının da fiziksel yapısı sınırlar arası nakliyesini zorlaştırıp Bitcoin'e göre çok daha sansürlenebilir olmasına sebeptir. Hindistan'ın altın kontrol kanunu altın sensörüne güzel bir örnek sunar.[16]

---

15 http://bullishcaseforbitcoin.com/references/mtgox-forensics
16 http://bullishcaseforbitcoin.com/references/india-gold-act

BÖLÜM 3
PARANIN EVRİMİ

Modern para teorisini savunan kesim paranın değiş tokuş aracı olması gerektiğine tutku ile bağlıdır. 20. yüzyılda devletler paranın üretimini tekelleri altına alıp değer saklama özelliğini sürekli olarak zayıflatırken, paranın başlıca değiş tokuş aracı olduğu yalanını da yaymaktan geri kalmadılar. Birçok kişi, Bitcoin'in çok değişken (*volatile*) bir enstrüman olduğundan dolayı iyi bir değiş tokuş aracı olmadığını savunarak eleştiride bulundu. Bu eleştiri atı at arabasının arkasına bağlamaktan farksız. Para aşama aşama evrim geçirir, değiş tokuş aracı olmadan önce paranın iyi bir değer saklama aracı olması şarttır. Marjinal ekonominin kurucularından olan William Stanley Jevons'un açıklamasına göre:

> Tarihsel açıdan bakarsak... altın ilk olarak süs eşyaları yapılan bir emtia idi, ikinci aşamada kendisi değer saklama aracı haline geldi, üçüncü olarak değiş tokuş aracı oldu ve son olarak da bütün değerlemenin üzerinden yapıldığı birim haline geldi.[17]

---

[17] http://bullishcaseforbitcoin.com/references/jevons-quote

Modern terminolojiyi kullanarak açıkladığımızda da para her zaman dört aşamada evrimini tamamlar:

1. **Koleksiyon ürünü**: Evriminin ilk aşamasında para sadece ama sadece kendine has özelliklerinden dolayı sahibinde ona sahip olma hevesi yaratır. Deniz kabukları, boncuklar ve altın daha ileri parasal roller üstlenmeden önce ilk olarak koleksiyon eşyaları idiler.

2. **Değer saklama aracı**: Kendine has özellikleri olan bu ürünler daha fazla insan tarafından talep edildikçe, paranın değer saklama özelliğine sahip olup, zaman geçtikçe değerini koruyup arttıran ürünler haline gelmeye başlar. Bu ürünlerin alım güçleri, bunları değer saklama aracı olarak talep eden kişi sayısı ile paralel olarak artmaya başlar. Belli bir süreden sonra, artık daha fazla yeni insan bu ürünü bir değer saklama aracı olarak talep etmedikçe değerleri bir plato yapıp stabilleşir.

3. **Değiş tokuş aracı**: Bir para değer saklama aracı olmayı tamamen gerçekleştirdikten sonra değişkenliği normale dönmeye başlar. O parayı değiş tokuşta kullanmayıp, biriktirmenin fırsat maliyeti yavaş yavaş ortadan kalkmaya başlamıştır. İlk çıktığı yıllarda, Bitcoin'i anlamış bir sürü kişi, onu harcamanın biriktirmeye göre yüksek bir fırsat maliyeti

olduğuna inanıp harcamaktan kaçındı. İki adet pizza için 10.000 adet Bitcoin ödeyen meşhur şahıs bize bu potansiyel fırsat maliyetinin büyüklüğünü basitçe gösterir.[18]

4. **Değerleme birimi**: Bir para artık iyi bir değiş tokuş aracı haline geldikten ve her yerde karşımıza çıkmaya başladıktan bir süre sonra artık herhangi bir ürünün fiyatlaması bu para üzerinden yapılmaya başladığını görürüz. Örnek olarak, bir fincan kahveyi Bitcoin kullanarak almak mümkün olsa dahi, kahvenin fiyatı şu anki koşullarda Bitcoin olarak lanse edilmez, fiyatı dolar cinsindendir ve kahveyi satan kişi genelde dolar fiyatını güncel kur ile Bitcoin'e çevirip ödemesini öyle alır. Bitcoin'in dolara göre fiyatı düşüş yaşarsa, kahveyi satan kişinin karşılığında alacağı Bitcoin sayısı da paralel olarak artış gösterir. Tüccarların, Bitcoin'in dolar karşısındaki fiyatına bakmaksızın ödemelerini Bitcoin olarak aldıkları gün, artık Bitcoin bir değerleme birimi haline gelmiştir diyebiliriz.

Değerleme birimi aşamasına ulaşmamış parasal ürünler kısmen parasallaşmış ürünler olarak görülürler. Bugün altın, kısmi parasallaşmış ürünler kategorisindedir, devletlerin altına yönelik müdahaleleriyle, eskiden sahip olduğu değiş tokuş aracı olma ve değerleme birimi özelliklerinden

[18] http://bullishcaseforbitcoin.com/references/pizza-story

arındırılmış hale geldi. Bazı durumlarda bir parasal ürünün değer saklama başka bir parasal ürünün de değiş tokuş ürünü rolünü doldurduğuna şahit oluruz. Bu genellikle Arjantin, Zimbabve gibi ekonomik fonksiyonları çökmüş ülkelerde karşımıza çıkar. Nathaniel Popper'ın *Digital Gold* kitabında yazdığı üzere:

> Amerika'da dolar, paranın üç fonksiyonunu barındırır: değiş tokuş aracı, varlıklarının değerinin üzerinden hesaplandığı değerleme birimi ve aynı zamanda da değer saklama aracı. Diğer tarafta, Arjantin'de ise değiş tokuş aracı olarak peso kullanılır—günlük alışverişler için—ama kimse pesoyu değer saklama aracı olarak görmez. Pesoyu değer saklama aracı olarak kullanmaya çalışmakla sokağa para atmanın hiçbir farkı yoktur. Bundan dolayı insanlar kısa vadede kullanmayacakları pesoları, değerini daha iyi koruduğu için Amerikan dolarına çevirmeyi tercih eder. Peso aynı zamanda çok volatil ve değeri değişken olduğu için ürün fiyatlamaları yapılırken, stabil bir değere sahip olan dolar tercih edilen değerleme birimidir.

Bitcoin günümüzde, parasallaşmanın ilk aşaması olan koleksiyon ürünü olmaktan, ikinci aşama olan değer saklama aracı haline gelmekte. Bitcoin'in iyi bir değer saklama aracı olmaktan değiş tokuş aşamasına evrilmesi için hâlâ birçok yıla ihtiyaç olduğunu düşünmekle beraber, bu yolculuğun engebeli ve belirsizliğin olduğu bir yolculuk olacağını varsayıyorum. Altının bu süreçleri geçmesi yüzyıllar aldı. Tarihte hiçbir kişinin ömrü, herhangi bir ürünün (bizim şu an Bitcoin ile yaşadığımız süreci) parasallaşma sürecine tanık olmaya yetmedi. Bu nedenle, uzun bir süreç olan parasallaşmanın ilerleyeceği patika hakkındaki tecrübelerimiz çok kısıtlı.

PATİKAYA BAĞLILIK

Parasallaşma süreci boyunca her parasal ürün, değerinin hızla yükseldiği bir süreç yaşar. Çoğu kişi Bitcoin'in de yaşadığı bu hızlı değer artış sürecini balonlaşma olarak yorumlar. Bitcoin'in haddinden değerli olduğunu kabaca bir tabirle balonlaşma olarak yorumlamak, kazara da olsa doğru bir açıklamadır. Parasal ürünlerin karakteristik özelliklerinden birisi, alım güçlerinin, gerçek kullanım değerlerinin üzerinde fiyatlanmasıdır. Hatta tarihteki birçok parasal ürünün gerçek hayata katkı sağlayacak bir değeri olmamıştır. Parasal bir ürünün, güncel değeri ve kendine has özelliklerinden dolayı piyasada aldığı değerin farkına parasal prim denir. Bir ürün parasallaşma sürecindeki basamakları adım adım ilerledikçe (bir önceki bölümde bahsedilen), o ürünün parasal primi artar. Parasal primler, sabit eğrili ve tahmin edilebilir bir doğru takip etmez. Parasallaşma sürecinde olan iyi bir X ürünü, kendinden daha iyi para özelliklerine sahip Y ürünü tarafından yarış dışı bırakılabilir, bunun karşılığında X ürününün parasal priminin tamamı yok olabilir. Gümüşün parasal priminin

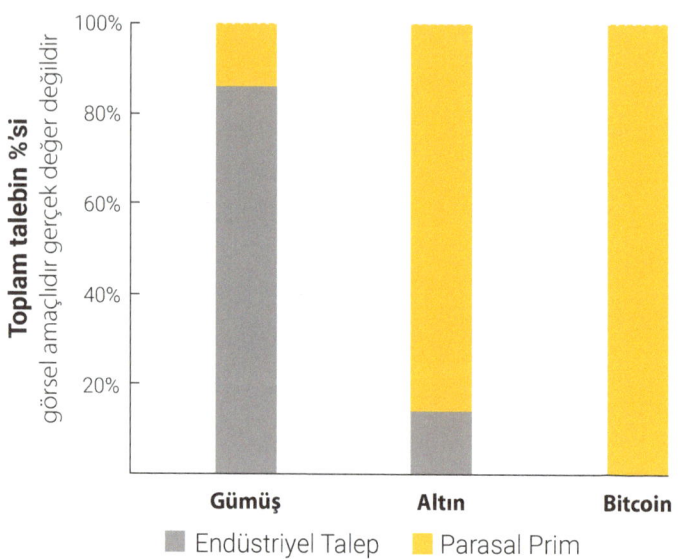

Farklı malların parasal primi

tamamı, 19. yüzyılın sonlarında, toplumların ve devletlerin gümüş yerine altın tercih etmesi ile kaybolmuştur.

Devlet müdahaleleri ve diğer parasal ürünlerle rekabet gibi dış ortam etkilerinin olmadığı koşullarda bile, yeni bir para tahmin edilemez bir parasal prim eğrisi takip eder. Ekonomist Larry White parasal primlenme ile ilgili şu gözlemini paylaşmıştır:

> "Balonlaşma hikâyesi ile ilgili esas problem, para-sallaşma patikasının hiçbir aşamasında, fiyat ne olursa olsun, değerlemenin tahmin edilebilir bir yol izlememesidir."[19]

19 http://bullishcaseforbitcoin.com/references/path-dependence

Parasallaşma süreci oyun teoriktir; her piyasa katılımcısı, diğer katılımcıların yeni paraya duyacağı ihtiyacı, kendi bilgisi dâhilinde öngörmeye çalışıp, gelecekte alacağı parasal prim üzerinden bir değerleme yapar. Parasal prim, bir ürünün içsel değerine bağlı olmadığından dolayı, oyuncular bir ürünün değerini tahmin etmeye çalışırken geçmiş değerlemeleri baz alıp, almaya ya da satmaya geçmiş datayı kullanarak karar vermeye çalışır. Güncel talep ile geçmiş fiyatlar arasındaki bağlantının adı patikaya bağlılık olarak geçer. Parasal ürünlerin fiyat hareketlerini anlamaya çalışan kişiler için patika bağlılığı kafa karışıklığının en büyük sebebidir.

Parasal bir ürünün alım gücü, daha fazla kişi o ürünü benimsemeye başladıkça artar. Piyasada eskiden pahalı olarak görünen fiyatlamalar artık ucuz gözükmeye başlar. Benzer bir şekilde, parasal bir ürünün fiyatında ciddi bir düşüş yaşanırsa, insanların gözünde o ürünün fiyatı, zaten mantık dışı ve şişirilmiş olduğu yönünde çabucak değişir. Paranın patika bağlılığı, tanınmış Wall Street fon yöneticisi Josh Brown tarafından kelimelere şöyle dökülmüştür:

> Bitcoin'i ilk aldığımda fiyatı 2300 dolar seviyelerindeydi ve çok kısa zamanda fiyatı ikiye katlandı. Kendi kendime, "Fiyatı arttı, artık daha fazla alamam," demeye başladım. Fiyatını o an yüksek görmemdeki sebep, ilk alım yaptığım fiyatlar ile karşılaştırmamdı. Geçen hafta Çin'in borsalara yaptığı baskınlar ile fiyat düşmeye başlayınca,

kendime bu sefer de "Oh iyi, umarım Bitcoin'i öldürürler ve ben de düşük fiyatlardan alım yapabilirim," demeye başladım.[20]

Söz konusu parasal ürünler olduğunda "ucuz" veya "pahalı" kavramları anlamsız referans noktaları haline gelir. Parasal bir ürünün fiyatı o ürünün nakit akışı veya ne kadar işe yarar bir ürün olduğuyla ilgili olmaktan ziyade, ürünün çeşitli para özelliklerine ne kadar sahip olduğu ve yaygınlaşması ile ilgilidir.

Paranın patikaya olan bağlılığının daha da karmaşık bir hale gelmesine sebep olanlardan bir tanesi de piyasa oyuncularının duygularına hâkim olamayıp, objektif gözlemciler olamamasıdır. Gelecek fiyat hareketlerini tahmin edip doğru alım/satım hamleleri yapmaya çalışan bu oyuncular, aktif misyonerler gibi davranmaya başlarlar. Parasal prim, oyun teorik olduğundan, primi net bir sayı olarak ifade etmek zordur. Standart ürünleri fiyatlarken onlara bir değer atfetmek, değerleri nakit akışlarına veya ürün talebine göre oluştuğundan dolayı gayet basittir. Parasal ürünlerde ise parasal özelliklerin havariliğini yapmak bu ürünlerin daha yüksek baremden fiyatlanması için etkili olabilir. Bitcoin'in faydalarını ve Bitcoin'e yatırım yapmanın nasıl bir zenginliğe yol açacağını anlatmaktan bıkmayan tutkulu havarilere, internet üzerindeki çeşitli forumlarda rastlayabilirsiniz. Leigh Drogen, Bitcoin piyasasına dair gözlemlerini şöyle aktarıyor:

20 http://bullishcaseforbitcoin.com/references/josh-brown-quote

Bunun bir din olduğunu, birbirimize anlattığımız ve hepimizin onayladığı bir hikâye olarak görebilirsiniz. Dinlerin benimsenme eğrileri gibi yayılacağını düşünmekte fayda var. Neredeyse kusursuzca; birisi içeri girdiği andan itibaren, herkese ondan bahsetmeye ve havariliğini yapmaya başlar. Sonrasında onun arkadaşları da bahsetmeye ve havariliğini yapmaya başlar.[21]

Bitcoin'i dine benzetmek, Bitcoin'i mantık dışı bir inançmış gibi gösterse de aslında toplumların daha üstün parasal özellikleri olan bir parayı standardize etmesi Bitcoin sahibi şahıslar için gayet mantıklı bir savunudur. Para, bütün ticaret ve birikimin temelini oluşturur, üstün özellikli bir paraya geçmek, toplumların bütün elemanları için harika bir servet yaratma metodudur.

---

21 http://bullishcaseforbitcoin.com/references/leigh-drogen-quote

BÖLÜM 4
PARASALLAŞMANIN ŞEKLİ

HYPE EĞRİLERİ

TECRÜBE ETMEDEN HİÇBİR PARASAL ÜRÜNÜN NASIL BIR patika takip edeceğini tam olarak bilmesek de Bitcoin'in görece kısa geçmişi incelendiğinde ilginç bir model ortaya çıkmaktadır. Bitcoin'in fiyatı, boyutu sürekli artan fraktallardan oluşan bir modeli takip ediyor. Bu fraktalların her bir tekrarı (*iteration*) Gartner hype döngüleri adı verilen, aşağıdaki grafikte de görebileceğiniz eğrilerden oluşmakta.

"Speculative Bitcoin Adoption/Price Theory" adlı makalesinde Michael Casey, Gartner hype döngülerini y ekseninde uzatırsak, insanlığını önemli aşamalar kaydettiği teknolojik sıçramaların kullanımını gösteren standart S-eğrilerine benzediğini savunmakta.[22]

Yeni bir teknolojinin çıkması insanlarda heyecan uyandırır ve bu teknolojiye sahip ürünlere sahip olabilecek insanlar o ürünlere sahip olmak adına yüksek bedeller ödemeye razıdır. Gartner hype döngüsünün ilk adımına dâhil olan insanlar yatırım yaptıkları teknolojinin insanlık adına çok önemli değişikliklere gebe olduğuna inanırlar. Yeni teknoloji hakkında hevesli insanlar ürünlere

---

[22] http://bullishcaseforbitcoin.com/references/speculative-adoption-theory

kavuştukça, satışlar dönemsel bir zirve noktasına ulaşır ve devamında da teknolojisinden ziyade ticareti ile ilgilenip kısa vadede kâr elde etmek isteyen spekülatörler devreye girer.

Dönemsel zirveye ulaşıldıktan sonra fiyatlar hızla düşer, spekülatörün arzusunun yerini de çaresizlik, toplumsal küçümseme ve aslında yeni teknolojinin büyük dönüşümlere önayak olamayacağı algısı alır. Eninde sonunda fiyatlar dibe oturup, stabil bir hale gelip plato yapar, teknoloji odaklı öncü yatırımcılara, düşen fiyatların eziciliği karşısında dayanabilen ve ürünün teknolojisini takdir etmeye başlayan spekülatörler de katılır.

Plato evresi uzun bir süreçtir ve Casey'nin de dediği gibi "sabit, sıkıcı bir düşük fiyat seviyesi"dir. Plato boyunca kamunun yeni teknolojiye olan ilgisi minimal seviyelere düşerken, ürün üzerindeki iyileştirme çalışmaları devam eder. Zaman ilerledikçe bu teknolojinin bir geleceği olacağına inanan ve teknolojiye yatırım yapmayı ilk çöküş evresi kadar riskli bulmayan bir gürüh birikmeye başlar. Bu yatırımcılar ikinci ve daha büyük bir hype döngüsünü beraberinde getireceklerdir.

Gartner hype döngüsüne dâhil olan çok ama çok az sayıda insan, fiyatların o döngüde hangi seviyelere ulaşacağını tahmin edebilir. Fiyatlar, teknolojiye ilk etapta yatırım yapan kişilerin bile absürt bulabileceği seviyelere çıkar. Tepe sonrası yaşanan çöküşün, genellikle medyada yer alan negatif haberlerden dolayı olduğuna inanılır. Büyük bir borsanın çakılması gibi haberler fiyat düşmesinde

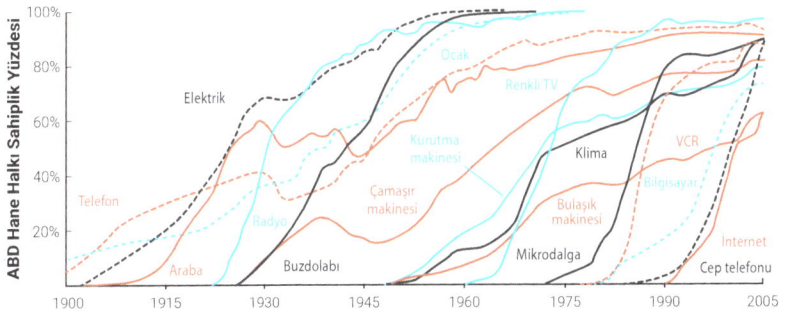

Çeşitli tüketim malları için benimseme eğrisi

tetikleyici unsur olsa da temel sebep bu döngüde de maksimum sayıda katılımcıya ulaşılmasıdır.

1970'ler ile erken 2000'li yıllar arasında altın da klasik bir Gartner hype döngüsü modeli göstermiştir. Gartner döngülerinin parasallaşmanın arkasındaki sosyal dinamik olduğu düşünülebilir.

GARTNER EKÜRİLERİ

İlk Bitcoin borsası MtGox 2010 yılında ortaya çıkana dek, Bitcoin'in küçük piyasası dâhilinde hype döngülerini fark etmek imkânsızdı. Bu yıllarda Bitcoin'e ilgi gösteren niş kitle, Satoshi Nakamoto'nun ezber bozan buluşunun farkına varabilecek ve Bitcoin protokolünün teknik kusurlarından arınmasına katkı sağlayabilecek kriptograflar, bilgisayar bilimcileri ve *cypherpunk* gibi öncülerden oluşuyordu. Bitcoin'in fiyatı direkt olarak şahıstan şahsa yapılan pazarlıklara ya da Laszlo Hanyecz'in 10.000 Bitcoin verip 2 pizza aldığı örnekteki gibi değiş tokuşlarla gerçekleşiyordu. Bu günlerde bir Bitcoin'in fiyatı 1$'ın epeyce altında geziyordu.

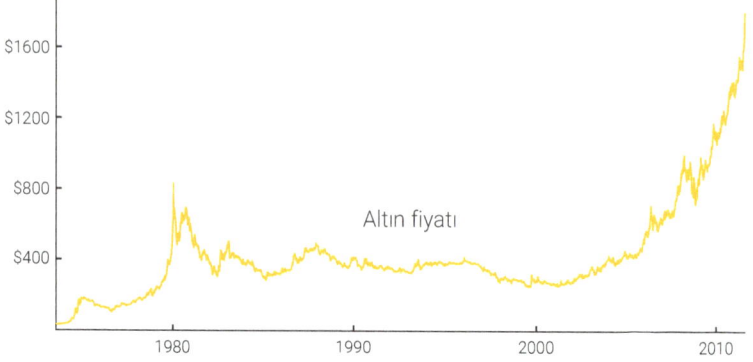

İlk borsanın kurulduğu ve borsa fiyatlamasının oluştuğu 2010 yılından itibaren Bitcoin ile işlem yapanlar dört kere büyük Gartner hype döngüsüne tanık oldu. Geriye dönüp baktığımızda geçmiş hype döngülerinin fiyat aralıklarını çok net olarak görebiliyoruz. Farklı Gartner tekrarlamalarında yatırım yapmaya başlamış ekürilerini rahatlıkla sınıflandırmak mümkün.

0,06 $-30 $ (2010 Haziran-2011 Temmuz): İlk döngüde karşımıza devletsiz, dijital bir paranın potansiyeline hayran kalmış ideolojik olarak motive kişiler çıkar. Roger Ver ve Ross Ulbricht gibi özgürlük yanlısı liberteryenler, resmî kurumların izin vermediği aktivitelerin, Bitcoin'in olgunlaşması ile birlikte hayat geçebileceğini gördü. Bu döngüde tepe noktasına, Ross Ulbricht'in kurduğu Silk Road adı verilen internet sitesinin *Gawker* dergisi tarafından haber yapılmasından bir ay sonra ulaşıldı. Silk Road yasadışı ürünlerin Bitcoin kullanılarak alınmasına aracılık eden ve dijital para birimine ilk defa talep oluşturan internet sitesiydi.

30 \$-1.154 \$ (2011 Ağustos-2013 Aralık): Bu döngüde karşımıza Arjantinli Wences Casares gibi gözüpek, alışılagelmişin dışına çıkıp, kendini henüz kanıtlamamış bu teknolojiye şans vermek isteyen yatırımcılar çıkıyor. Casares, Bitcoin'i, çocukluğunda tecrübe ettiği hiperenflasyonun yıkıcı etkilerini iyileştirecek bir enstrüman olarak görüyordu. Kuvvetli ikili ilişkileri olan bu dâhi girişimci, Bitcoin'in havariliğini yapıp, Silikon Vadisi'nin öne çarpan teknoloji girişimcileri ve yatırımcılarının radarına sokmuştur. Kendisi "zihin virüsü" (*mind virus*) de denilen bu yayma metodunun ilk hastası (*patient zero*) olarak kabul görür.

İkinci hype döngüsünde Mark Zuckerberg ile Facebook'un kuruluşu hakkında davalık olan ve Facebook'tan yüklü bir tazminat alan Winklevoss ikizlerini görüyoruz. Facebook'tan yüklü tazminat alan ikizler, kutlama yapmak için gittikleri Ibiza'da, kendilerini Bitcoin ile tanıştıran yatırımcı David Azar ile karşılaşıp bu yeni yatırım fırsatından haberdar oldular. Bitcoin'den hemen etkilenen Winklevosslar yeni sermayelerini Bitcoin'e yatırım yapmak için kullanmaya karar verdiler.

Bitcoin'in birinci ve ikinci hype döngülerinde yer alan yatırımcılar Bitcoin'e ulaşmak için gizemli borsaların likidite kanallarını kullanma riskini göze alan şahıslardı. Japonya kökenli MtGox borsası ilk geniş ölçekli likidite kanalı olup yetersiz ve kötü niyetli Mark Karpeles tarafından yönetiliyordu. Mark ileriki dönemlerde borsanın batmasının sorumlusu olarak görüldüğü için hapis cezasına çarptırıldı.

1.154 $-19.600 $ (2014 Ocak-2017 Aralık): Üçüncü hype evresi *cypherpunk* ideolojisinden uzak, Bitcoin'i daha çok yatırım olarak gören kişilerin akın ettiği evre olarak biliniyor. S eğrisi göz önüne alındığında, bu yatırımcılara teknolojinin erken benimseyenleri diyebiliriz.

Willy Woo'nun bu dönem ile ilgili olarak yaptığı blokzinciri ve borsa datası analizleri, bu ekürinin dominant grubunun küçük yatırımcı olduğunu ve dönem başında yaklaşık olarak 1-2 milyon olan yatırımcı sayısının 14 milyon kişinin üzerine çıktığını gösteriyor.[23] Üçüncü döngü, Bitcoin ile pazar hâkimiyeti konusunda yarışan, binlerce alternatif kriptoparanın (altcoin) yaratılması ile oluşan spekülatif arzu ile son buldu. Bu modası geçen altcoinlerin çoğu gözlerden uzak bir şekilde yolculuklarına devam ediyor.

Geçtiğimiz satırlarda bahsedilen hype döngülerini tetikleyen en önemli sebeplerden biri likiditenin artması ve daha fazla insanın Bitcoin alabilir hale gelmesiydi. İlk iki hype döngüsünde, çok kötü yönetilen ve karmaşık bir yapıya sahip olan MtGox borsasını başrolde görüyoruz. Bu borsadan Bitcoin almak, üzerine de kendi cüzdanınıza çekmek sadece teknolojiye yakın ve meraklı yatırımcıların altından kalkabileceği bir işlemdi. Bunun üzerine MtGox'a para gönderip borsa üzerinde işlem yapan bir sürü yatırımcı da borsanın hack'lenip akabinde de kapatılması ile maddi zarara uğradı. Üçüncü hype döngüsünün başında yeni MtGox'a rakip borsalar ortaya çıkmaya

---

[23] http://bullishcaseforbitcoin.com/references/willy-woo-data

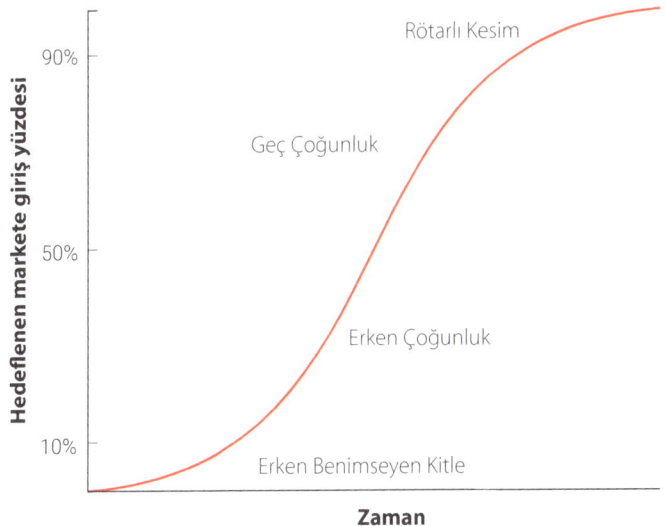

başladı. MtGox'un batması ve yerini vasıflı borsaların almasına rağmen Bitcoin yatırımcılarını hâlâ bekleyen engeller vardı. Bankalar Bitcoin borsaları ile çalışmaktan kaçınıyordu ve Coinbase gibi borsaların internet sitelerine yoğun ilgi olduğu günlerde sitelerini ayakta tutmakta zorlanıyordu. Yeni yeni ortaya çıkmaya başlayan finansal altyapı talebi karşılamakta cılız kalıyordu.

İki yıl süren sakin Bitcoin fiyatları ile birlikte kurumlar da yapılanma için yeterli zamanı bulmuş ve ancak üçüncü döngünün sonlarına doğru regüle edilmiş borsalar, tezgâh üstü piyasalardaki artışlar ve Chicago Ticari Borsası gibi resmî mecralarda vadeli işlemlerin başlaması ile yatırımcının işi kolaylaşmıştı. 2020'de dördüncü döngü başladığında, altyapı küçük yatırımcıdan kurumsal yatırımcıya herkesin Bitcoin likiditesine ulaşabileceği ve nispeten kolayca kendi Bitcoinlerini saklayabileceği haldeydi.

19.600 $-? (2018 Ocak – ?): Bu yazıyı yazdığım sıralarda Bitcoin'in 4. hype döngüsünü tecrübe ediyoruz. Likidite kaynaklarının olgunlaştığı, Paul Tudor Jones ve Stanley Druckenmiller gibi önde gelen varlık yöneticilerinin servetlerinin bir kısmını Bitcoin'e geçirmesi ile büyük kurumsal yatırımcılara yol gösterdiği bir dönemdeyiz. Varlık yöneticilerinin yanı sıra Tesla, Microstrategy ve Square gibi halka açık firmalar da nakit varlıklarının bir kısmını Bitcoin olarak saklamaya, hatta Microstrategy örneğinde olduğu gibi tümünü Bitcoin'e çevirme kararı vererek başka büyük holdinglerin de benzer bir rota çizmesi için işleri kolaylaştırdı.

Bitcoin piyasasının olgunlaşmasıyla birlikte kurumsal yatırımcının bu hype döngüsünde kilit rol oynama ihtimali yüksek. Blokzincir analizleri yapan Chainalysis şirketinin genel müdürü Philip Gradwell müşterilerine gönderdiği yazısında anlattığı üzere:

> Data incelendiğinde, kurumsal yatırımcının rolü göze çarpıyor... Talebin Kuzey Amerikalı yatırımcılar tarafından itibari/Bitcoin borsalarından geldiğini, kurumsal yatırımcının da talebinin arttığını görüyoruz.[24]

Cambridge Üniversitesi Alternatif Finans Merkezi tarafından yapılmış bir çalışmaya göre, 2020'nin üçüncü çeyreğinin sonu itibarıyla, dünya genelinde, 101 milyon

---

24 http://bullishcaseforbitcoin.com/references/gradwell-quote

tekil kripto varlık sahibi bulunmakta.[25] Bu hype döngüsünde Bitcoin, S eğrisinin "erken benimseyen kitle" olarak tanımlandığı bölümden "erken çoğunluk" olarak tanımlanan bölümüne geçiş yapacak gibi duruyor. Regüle edilmiş vadeli işlemler ve opsiyon piyasalarının zaten kurulmuş olması, Bitcoin ETF'sine de olanak verirken, ETF ile birlikte "geç çoğunluk" ve akabinde de "rötarlı kesim"in katılacağını söyleyebiliriz.

Güncel hype döngüsünün ulaşacağı zirveyi tahmin etmek neredeyse imkânsız olsa dahi, bu döngüde global finansal varlık sınıfındaki en yakın akrabası altının, piyasa değerinin önemli bir kısmına tekabül eden bir değere ulaşması kulağa mantıklı geliyor.

YARILANMALARIN ETKİSİ

Yeni Bitcoinler madencilik adı verilen rekabetçi bir hesaplama işlemi sonucunda ortaya çıkar. Bitcoin üretim eğrisi protokol tarafından önceden belirlenmiştir ve dizaynı gereği madenciler (Bitcoin bulmak için çalışan bilgisayarlar) ortalama 10 dakikada bir blok bulur. Bir madenci yeni bir blok bulduğunda blok ödülü adı verilen belli bir miktarda Bitcoin ile ödüllendirilir. Blok ödülü, Bitcoin ağı üzerindeki bütün Bitcoinlerin ortaya çıkış kaynağıdır.

Yaklaşık olarak dört yılda bir, daha isabetli olmak istersek de 210.000 blokta bir, Bitcoin blok ödülleri yarılanma adı verilen bir hadise ile yarı yarıya iner. Bitcoin'in ilk dört yılındaki blok ödülü 50 Bitcoin'di. Takip eden 4 yıl boyunca

[25] http://bullishcaseforbitcoin.com/references/benchmarking-study

bu ödül 25 Bitcoin'e indi. Mayıs 2020'de başlayan güncel yarılanma döneminde madenciler buldukları blok başına 6,25 Bitcoin ile ödüllendirilecek. Aşağı yukarı 2140 yılı civarında blok ödülü sıfırlanacak ve madencilik yapılarak yeni Bitcoin bulmak mümkün olmayacak. Bitcoin yarılanmalarının ve dört yılda bir ortaya çıkan arz şokunun fiyatlamayı nasıl etkileyeceği ise yatırımcılar için cevaplanması gereken bir sorudur.

Bitcoin protokolü bir blokun madenciliği için gerekli bilgisayar işlemi sayısını, ortalama 10 dakikada bir blok bulunması için periyodik olarak düzenler. Madencilik için kullanılan işlem gücü artarsa, madenciliğin zorluk seviyesi de artar ve böylece yeni Bitcoin bulmanın maliyeti de yükselir. Zorluk seviyesindeki değişiklikler madencileri düşük kâr marjları ile çalışmaya iter. Madencilikten elde edilen kâr uzun dönemde sıfıra yaklaşır. Madenciliğin rekabetçi ve düşük kârlı yapısı yapısı gereği, madenciler yüklü elektrik faturalarını karşılamak ve işlemlerini devam ettirmek adına buldukları Bitcoinlerin büyük bir miktarını satmak durumunda kalır. Madencilerin devamlı olarak piyasaya sürdüğü bu Bitcoinler arzı arttırıp fiyatların düşmesine sebep olur. Yarılanmalar gerçekleştikçe ve yeni çıkarılan Bitcoin sayısı yarıya indikçe, madencilerin piyasada oluşturdukları aşağı yönlü satış baskısı da azalır.

Eğer ki talep sabit kalırsa, yarılanma dönemleri ile birlikte gelen arzdaki düşüş, talebi arzın üzerine çıkarıp fiyatların yükselmesine sebep olur. Yarılanmaların ne zaman gerçekleşeceği önceden bilindiği için yarılanmanın fiyat üzerinde yarattığı etkinin, yarılanma gerçekleşmeden önce fiyatlanması beklenir. Geçmiş fiyat hareketlerine baktığımızda ise Bitcoin yarılanmalarının hiçbir zaman doğru fiyatlanamadığını, yarılanma sonrası yaşanan çarpıcı fiyat artışlarını gözlemleyerek fark edebiliriz. Bitcoin'in yaşadığı periyodik hype döngülerinin *öncü etkisinin* yarılanmalar olduğu söylersek pek de yanılmış sayılmayız.

Bu bölümün başında da gördüğümüz üzere Bitcoin hype döngüleri sona ererken fiyatlar da arz ve talebin arasında bir denge oluşana kadar durmaksızın düşüş yaşar. Denge, piyasadan bir an önce çıkmak isteyen spekülatörler ile, masraflarını karşılamak için satış yapan madencilerin yarattığı arza karşın Bitcoin'in bir geleceği olacağına kuvvetli bir şekilde inanan insanların talebinin eşleşmesi ile kurulur. Yarılanma süreçleri oluşan bu dengeyi altüst eder, borsalarda bulunan Bitcoinler yavaş yavaş uzun vadeli yatırımcıların eline geçer. Satın alınabilecek Bitcoin havuzu küçüldükçe fiyatlar tırmanmaya başlar ve tırmanan fiyatlar klasik "kalabalığın çılgınlığı" fenomenini tetikleyip hype döngüsünün parabolik fazını devam ettirir.

Yarılanmaların fiyatlanamamasının potansiyel sebeplerinden birisi, yarılanma yeni bir hype döngüsü tetiklediğinde o döngüde ne kadar fazla insanı çekeceğinin ve Bitcoin'e yeni yatırım yapmaya başlayacak insanların birikimlerinin ne kadarını Bitcoin'e yatıracağını tahmin etmenin zorluğudur. Parasallaşma sürecinde yaşanan geri bildirim döngüleri de işleri ayrıca karıştırır. Daha önce de bahsi geçtiği gibi, Bitcoin'e yatırım yapan yatırımcılardan bir kısmı pasif yatırımcı olarak kalmak yerine, Bitcoin'in havariliğini yapıp, ne kadar üstün bir birikim aracı olduğunu herkes ile paylaşmak ister. Havarilerin bir eküriyi ne kadar kalabalıklaştıracağının ölçümü ise çok zordur.

ULUS DEVLETLERİN YAKLAŞIMI

Bitcoin'in son Gartner hype'ı ulus devletlerin, uluslararası rezervlerinin bir kısmını Bitcoin'e çevirmesi ile başlayacak. Bitcoin'in şu anki pazar büyüklüğü pek çok ülkenin hazinesinde Bitcoin tutmayı düşünmeye başlaması için bile yeterli değil. Ancak özel sektörün talebi arttıkça ve pazar büyüklüğü altına yaklaştıkça Bitcoin pek çok ülkenin rezervinde tutması için yeterli likiditeye ulaşmış olacaktır. Bir devletin hazinesine Bitcoin eklemesi başka devletlerin de hazinelerine nasıl Bitcoin ekleyeceklerini panik içinde araştırmaya itebilir. Hazinesine en erken Bitcoin ekleyen ülkelerin bilançoları, Bitcoin'in global bir rezerv para birimi haline gelmesi halinde en büyük faydayı görecektir. Ne yazık ki bu sürece ilk katılanların Kuzey Kore gibi diktatörlükler olma ihtimali yüksektir. Bu tür devletlerin beklenen ekonomik sıçramayı gösterememesi halinde zaten süreçlerin yavaş işlediği Batı demokrasilerinin Bitcoin'i rezerv olarak tutması rötarlı bir şekilde gerçekleşecektir.

Günümüzde Amerika Birleşik Devletleri'nin Bitcoin konusunda en açık ülkelerden biri olup Çin ve Rusya'nın ise en saldırgan olarak gözükmesi gerçekten ironiktir. Bitcoin'in doların yerini alıp dünyanın rezerv para birimi olması, güncel rezerv para biriminin sahibi Amerika için ciddi jeopolitik riskler teşkil etmektedir. Amerika'nın 1944 yılında Bretton Woods Konferansı'nda elde ettiği rezerv para statüsünü, 1960'lı yıllarda Charles de Gaulle "fahiş ayrıcalık" diyerek eleştirmiştir. Rus ve Çin hükümetleri Bitcoin'in kendi iç pazarlarında oluşturduğu etkilerinin üzerine fazla düşüp yaratabileceği jeo-stratejik avantajın farkına hâlâ varamamışlardır. Amerika'nın fahiş ayrıcalığının farkına varıp 1960'larda klasik altın standardına geri dönmekle tehdit eden Charles de Gaulle gibi, vakti geldiğinde Rus ve Çin hükümetleri de sahibi olmayan bu değer saklama aracını rezervlerinin ciddi bir parçası olarak tutmanın faydalarını anlayacaklardır. Dünyada Bitcoin madenciliğinin en fazla yapıldığı yer olan Çin'in halihazırda rezervlerine Bitcoin eklemek yönünde ciddi bir avantajı vardır.

Silikon Vadisi'nin ekonomik olarak baş tacı olduğu Amerika Birleşik Devletleri, yeniliğe ve teknolojiye açık yapısı ile her zaman gurur duyar. Şimdiye kadarki süreçte regülatörlerin Bitcoin'e karşı alacakları pozisyonlarda iletişimi yöneten taraf da Silikon Vadisi olmuştur. Yakın zamanda ise bankacılık sektörü ve Amerikan Merkez Bankası, Bitcoin'in global rezerv para birimi olması halinde kendileri için yaratabileceği varoluşsal tehdidi sezmeye başlamıştır. Federal Rezerv'in sözcüsü de denilebilecek *Wall Street Journal*, Bitcoin'in Amerika'nın parasal politikaları için bir sorun teşkil edebileceği ile ilgili şu yorumda bulundu:

> Merkez bankalarının ve regülatörlerin gözünden kaçırdığı büyük sorun şudur ki: Bitcoin yok

olmayabilir. Bu, kriptopara birimi için olan spekülatif arzu, doların yerini alması yönünde bir gösterge ise merkez bankalarının para üzerindeki tekelini tehdit edebilir demektir.[26]

Önümüzdeki yıllarda, Bitcoin'i regülatif kontrollerin dışında tutmaya çalışan girişimciler ve yenilikçilerle, ellerindeki para basma ve yönetme gücünü kaybetmek istemeyen ve politik nüfuzlarını kullanıp regülasyon baskısı yapacak merkez bankaları ve bankalar arasında geçecek mücadeleyi görmemiz aşikâr.

DEĞİŞ TOKUÇ ARACI HALİNE GELMEK

Parasal bir ürün değiş tokuş aracı (paranın standart ekonomik tanımı) haline gelmeden önce geniş bir kitle tarafından değerli olarak görülmeli, totolojik anlatımla, değeri olmayan bir ürünü kimse değiş tokuş için kabul etmez. Geniş çaplı bir değere sahip olma sürecinde, yani parasal ürünler değer saklama aracı haline gelip satın alma gücünün hızla arttığı dönemde, o ürünü değiş tokuş aracı olarak kullanmanın ciddi bir fırsat maliyeti vardır. Değer saklama araçlarındaki volatilitenin azalıp, fırsat maliyetlerinin düşmeye başlamasıyla birlikte, değiş tokuş aracı olarak kabul görmeye başlar.

Net bir şekilde açıklamak istersek, parasal bir ürünün değiş tokuş aracı haline gelmesi için, o ürünü değiş tokuşta kullanmanın fırsat ve işlem maliyetlerinin toplamının, o ürünü değiş tokuşta kullanmayı tercih etmemekten düşük olması gerekir.

26 http://bullishcaseforbitcoin.com/references/wsj-quote

Takasın temel ödeme şekli olduğu toplumlarda, takasın hesaplama ve işlem maliyetinin çok yüksek olmasından dolayı, hâlâ değeri artmakta olan değer saklama araçlarının bile değiş tokuş araçları olarak kullanıldığını görürüz. İşlem maliyetlerinin minimal olduğu gelişmiş ekonomilerde limitli bir kapsamı olsa da Bitcoin gibi değeri hızla artan değer saklama ürünlerinin alışverişlerde kullanıldığına tanık oluruz. Buna örnek olarak, yasadışı madde satın alan kişiler, itibari para kullanmanın olası risklerini almamak adına, Bitcoin'i değer saklama aracı olarak kullanmak yerine değiş tokuş aracı olarak kullanmanın fırsat maliyetini göze almıştır.

Gelişmiş toplumlarda bir metanın değer saklama aracı olmaktan değiş tokuş aracı olmasına geçiş sürecinin önünde önemli kurumsal bariyerler bulunur. Devletler kendi bastıkları egemen paraların yerini farklı parasal ürünlerin almasını engellemek adına farklı parasal ürünleri yüksek vergilere tabi tutarlar. Vergilerin sadece ulusal devletlerin kendi bastıkları para birimleri kullanılarak toplanması da kendi bastıkları para için sürekli bir talep oluşmasını sağlar. Devletler kendi bastıkları paralarla rekabet eden farklı parasal ürünlerden elde edilen kârlardan da vergi toplarlar. Bu tür vergilendirmeler alternatif parasal ürünlerin değer saklama aracından değiş tokuş aracına geçiş sürecini zorlaştırır.

Piyasanın talep ettiği parasal ürünleri vergilerle engellemek bu ürünlerin değer saklama araçları olması için aşılamaz bir engel oluşturmaz. Eğer bir ülkenin para birimine olan inanç azalmaya başlarsa, o para birimi hiperenflasyona uğrar ve para pul haline gelir. Bir para birimi hiperenflasyona

uğradığında ilk önce yüksek likiditeye sahip altın ve dolar gibi yabancı para birimlerine karşı değer kaybeder. Hiperenflasyona uğrayan paranın değeri devamında, likiditesi nispeten az olan emtialar ve gayrimenkule karşı erimeye başlar. Hiperenflasyonun ileri seviyelerinde paranın aniden değer kaybettiği dönemlerde, insanların değersizleşen paralarından bir an önce kurtulmak adına süpermarketlere akın edip raflardaki ürünleri silip süpürdüğünü görürüz.

Hiperenflasyonun devam etmesi ile birlikte paraya olan güven bir süre sonra tamamen yok olur ve kimse o parayı kabul etmez hale gelir ve toplum ya takasa geçer ya da para birimi bir değişim aracı olarak tamamen değiştirilir. Zimbabve dolarının kaldırılıp Amerikan doları ile değiştirilmesi buna iyi bir örnektir. Halihazırdaki egemen paranın yabancı bir para birimi ile değiştirilmesi, yabancı paranın sınırlı olması ve uluslararası bankaların likidite sağlayamadığı ortamlarda değişimi zorlaştırır.

Bitcoin'in kurumlara ve bankacılık altyapısına ihtiyaç duymadan kolayca sınırlar ötesine gönderilebilmesi, hiperenflasyonla boğuşan kitleler için Bitcoin'i ideal bir parasal ürün haline getirir. Gelecek yıllarda, itibari para birimleri, geçmişte de olduğu gibi değersizleşmeye meylettikçe, Bitcoin daha fazla kişinin sığındığı, popülerliği artan bir değer saklama limanı olacaktır. Bir ulus parasını terk etmeye ve Bitcoin ile değiştirmeye başladıkça, Bitcoin o ulus için değer saklama aracı olmaktan, kabul görür değiş tokuş aracı olmaya doğru eğilim gösterir. Bu süreci anlatmak için Daniel Krawisz hiperbitcoinleşme kelimesini türetmiştir.[27]

---

27 http://bullishcaseforbitcoin.com/references/hyperbitcoinization

BÖLÜM 5
YENİ PARASAL TABAN

SIK KARŞILAŞILAN YANLIŞ ANLAMALAR

Bu kitabın büyük bir kısmı Bitcoin'in parasal doğası üzerine odaklanmıştır. Bitcoin'in özelliklerine artık hâkim olduğumuz için artık Bitcoin hakkındaki sık yanlış anlaşılmalarından bahsetmeye hazırız.

BİTCOİN BİR BALON MUDUR?

Bitcoin'in sahip olduğu parasal primin ilk bakışta anlaşılamaması, çoğu zaman Bitcoin bir balondur eleştirisini de beraberinde getirir. Bütün parasal ürünler parasal prime sahiptir. Prim (gerçek değerinin üzerinde sahip olduğu

değer) paraların tanımlayıcı karakteristiğidir. Bu sebepten-
dir ki bir nebze olsun bütün paralar için her zaman ve her
yerde balon oldukları söylenebilir. Çelişkili gibi gözükse de
parasal bir ürün aynı zamanda hem bir balon hem de para-
sallaşmasının erken aşamalarında değerinin altında değer
gören bir meta olur.

BİTCOİN DEĞER SAKLAMA ARACI OLMAK İÇİN ÇOK MU VOLATİL?

Bitcoin fiyatının volatil olması daha çok yeni olmasından
kaynaklanıyor. Ortaya çıkışının ilk yıllarında Bitcoin'in
fiyatı, piyasa değeri çok küçük hisse senetleri gibi hareket
ediyordu. Winklevoss ikizleri gibi büyük montanlı alım
yapan kişiler fiyatları tek başına uçurabiliyordu. Bitcoin
sahipliği ve likiditesi yıllarla birlikte artarken volatilite de
gözle görülür bir şekilde azaldı. Bitcoin, altının pazar hac-
mine ulaşınca volatilitesi de onun artık değiş tokuş aracı
olarak kullanılmasına izin verecek seviyelere düşecektir.
Daha önce de bahsedildiği üzere Bitcoin Gartner hype dön-
gülerini takip ederek parasallaşır. Volatilite en düşük değe-
rine hype döngüsünde plato yaptığı aşamada ulaşırken, en
yüksek volatilite zirve yaptığı sıralarda ve çöküş aşamala-
rında gözlenir. Her yeni hype döngüsü ile birlikte likidite
artarken volatilitenin de düştüğü gözlemlenmiştir.

BİTCOİN YATIRIM YAPMAK İÇİN ÇOK MU PAHALI?

Bitcoin'e yeni yatırım yapmayı düşünen insanların en sık
şikâyet ettiği konulardan birisi bir Bitcoin'in fiyatının çok
yüksek olmasıdır. Bu şikâyet genellikle insanların Bitcoin'i

tam sayılar halinde alması gerektiği gibi hatalı bir bilginin neticesidir. Bitcoin'in bölünebilirliği yatırımcıların çok ama çok ufak meblağlar karşılığında da (kuruşlara indirgenerek) Bitcoin'e sahip olmasına izin verir. Bazı insanlar da Bitcoin'in yüz milyon parçaya bölünebildiği bilmesine rağmen, birim yanılgısına kapılıp bir ürüne tam sayılarla sahip olmak ister (0,01 Bitcoin'e sahip olmak yerine 12 gram altına sahip olmayı tercih etmek gibi). Birim yanılgısı insanların bir işi yarım bırakmayıp bir görevi tamamen bitirme arzusudur. Bazı bilim insanları insanların bir porsiyon yemek sipariş vermesi ve porsiyonların büyük olduğu durumlarda, aşırı doymalarına rağmen yemeye devam etmelerini de birim yanılgısı ile açıklar.[28]

Bir kriptoparaya tam sayılarda sahip olma arzusu bir sürü yeni yatırımcıda, Bitcoin ile rekabet eden birim fiyatları düşük kriptoparaların Bitcoin'e göre çok daha makul fiyatlı olduğu algısını yaratır. Bitcoin ile rekabette olan diğer kriptoparaların birim fiyatlarının çok düşük olmasının en önemli sebeplerinden biri dolaşımda olan birim sayılarının ters orantılı bir şekilde çok yüksek olmasından kaynaklanır. Yatırım yapılacak enstrüman seçilirken birim fiyatından ziyade enstrümanın piyasa değeri ve likiditesi göz önünde bulundurmalıdır. Bitcoin'in sahip olduğu derin likidite ve piyasa değeri, ağ etkisinin ne kadar geniş olduğunun bir göstergesidir ve Bitcoin'i iyi bir değer saklama aracı yapar.

Yer etmiş endişelerden bir tanesi de Bitcoin şu ana kadar zaten çok değerlendiğinden, gelecekte de bu şekilde

---

28 http://bullishcaseforbitcoin.com/references/unit-bias

değerlenmeye devam etmesinin çok zor olduğudur. Bir sürü yatırımcı treni kaçırdım hissine kapılır. Parasallaşma sürecine giren bir ürüne erken yatırım yapanların (tabii ki yaptıkları yatırımları uzun vade tuttuklarında) kazançlarının en yüksek olduğu doğru olsa dahi bu daha sonradan bu ürüne yatırım yapanların da yüksek getiriler elde edemeyeceği anlamına gelmez. Finansal getiriler, havuza giren yatırımların zamanla düşmesiyle birlikte azalmaya başlar. Buna rağmen Bitcoin'in kafa tuttuğu pazarın, yüzlerce trilyon dolarla fiyatlanan, içerisinde altın, hazine bonoları, gayrimenkul ve sanat eserlerini de barındıran değer saklama araçları pazarı olduğunu unutmamak lazım. Bitcoin'in elde edebileceği değer, doyum noktasından çok uzakta. Bitcoin'in dünya rezerv para birimi olduğu ve Bitcoin'e yapılan yatırımların stabil hale geldiği bir ortamda bile, Bitcoin değerleme birimi haline geldiği global ekonomide verimliliğin artmasına sebep olacağından, Bitcoin sahipleri finansal getirilerin keyfini çıkarmaya devam edecektir.

BİTCOİN GÖNDERİ ÜCRETLERİ ÇOK MU YÜKSEK?

Bazı eleştiriler, Bitcoin ağını kullanarak Bitcoin gönderme ücretinin yüksek olması sebebi ile ödeme sistemi olamayacağını savunur. Gönderi ücretlerinin artışı Bitcoin için sağlıklıdır ve bu ücretler beklendiği şekilde artmaktadır. Gönderi ücretlerini madenciler Bitcoin ağını korumak ve işlemleri onaylamak için aldıkları blok ödüllerinin yanında kazanırlar. Zamanla birlikte blok ödüllerinin miktarı düşerken gönderi ücretlerinin artması beklenir.

Bitcoin'in sabitlenmiş arz takvimi parasal politikasının ideal bir değer saklama aracı olmasını sağlar, bu arz takvimi uygulanmaya devam ettikçe blok ödülleri sıfıra doğru gider ve madenciler sadece gönderi ücretlerini toplamak için işlemlerini yapmaya devam eder hale gelir. "Düşük" ücretlerin olduğu bir ağın aslında güvenliği de düşüktür, düşük güvenlik ise sansürlenmenin kolaylaşması anlamına gelir. Düşük ücretleri savunan Bitcoin alternatifleri, yani altcoinler, farkında olmadan düşük güvenlik ve güvenlik açıklarının çığırtkanlığını yapmaktadır.

Görünüşte doğru bir eleştiri olan Bitcoin'in "yüksek" transfer ücretleri var algısının arkasında, Bitcoin'in ilk önce bir ödeme sistemi ve takibinde de değer saklama aracı haline gelmesi yönünde olan düşünce yatar. Paranın doğuşu bölümünde anlatıldığı üzere bu, atı at arabasının arkasına bağlamaya benzer. Değiş tokuş aracı olmadan önce genel kabul görmüş bir değer saklama aracı haline gelmek bir şarttır. Ayrıyeten Bitcoin'i değiş tokuş aracı olarak kullanmanın fırsat maliyeti yeteri kadar düştüğünde birçok ödeme işleminin Bitcoin ana ağından ziyade, ücretlerin sıfıra yakın olduğu ikinci katman ağlar üzerinden yapılıp, en sonunda ana ağ üzerinden mutabakata varılacağına tanık olacağız. Bitcoin'in ikincil katmanı olarak tanımlanan ağlar düşük masraflarla, yüksek hacimli ve hızlı gönderilere izin vermektedir.

Lightning ağı gibi ikinci katman ağlar, 19. yüzyılın başında kullanılan altın sertifikalarının modern eşdeğerleridir. Altın sertifikaları bankalar tarafından oluşturulan, maliyetli külçe altın transferi yerine sertifikalar ile sahipliğin transfer edildiği dokümanlardır. Altın sertifikalarından farklı olarak Lightning ağında, bankalar ve benzeri üçüncü kişilere ihtiyaç duyulmaz. Lightning ağı, Bitcoin için çok önemli bir teknik ilerlemedir ve Bitcoin'e kattığı daha fazla insan Lightning kullanmaya ve Lightning üzerinde proje geliştirdikçe artacaktır.

BİTCOİN ÇOK MU ELEKTRİK TÜKETİYOR?

Bitcoin ağı genişlerken, madencilik için ihtiyaç duyulan elektrik tüketiminin de artması, Bitcoin'e karşıt kesimin, yüksek enerji gerektiren yapısı gereği, Bitcoin çevreye zarar veriyor serzenişlerine sebep olmuştur. Bu kesimin genellikle kullandığı tez Bitcoin ağının bir sürü küçük ülkeden fazla elektrik tükettiği yönündedir. Cambridge Alternatif Finans Merkezi'nin yaptığı araştırmaya göre, bu kitabın yazıldığı an itibari ile Bitcoin'in enerji tüketimi yıllık 105 terawatt saattir. Yüksek elektrik tüketiminin çeşitli topluluklar tarafından nasıl karşılanacağı ve oluşturabileceği politik risklerin Bitcoin'in varoluşuna nasıl etki edeceği, bazı yatırımcıları tedirgin eden bir konudur.

Politika yapıcılar ve yatırımcılar, bu tek taraflı eleştirilerin ötesine geçip Bitcoin'in enerji tüketiminin kritik analizini kendileri yapmalıdırlar. Bu analizi gerçekleştirirken tüketilen enerjinin kaynağının çevreye duyarlı olup olmadığı ve bu elektriğin Bitcoin için kullanılmasa ne olacağı gibi ince ayrıntılara dikkat etmekle beraber, en önemlisi de elektriği Bitcoin için kullanarak topluma nasıl bir

Altın madenciliğinin çevreye etkileri yıpratıcı ve açıkça ortada

fayda sağlayabileceğimizi düşünmek gerekir. Bu bölümde madencilik ile ilgili nüansları, ana rakibine karşı karşılaştırmalı analiz gerçekleştirerek anlatmaya çaba göstereceğim. Değer saklama ve değiş tokuş araçları arasında Bitcoin'in en yakın rakipleri altın ve global ölçekte kullanılan itibari para birimleridir.

Hass McCook'un 2014 yılında gerçekleştirdiği, bağımsız denetçiler tarafından da kontrolü yapılmış bir ankete göre, altın üretiminin yıllık enerji tüketimi 475 gigajul ya da 132 terawatt saattir.[29] Direkt olarak bu veri üzerinden bakıldığında altın ve Bitcoin'in benzer miktarda elektrik tükettiği gözükse de altının çevreye olan etkisi ile Bitcoin'inki kıyas bile kabul etmez. Fashola ve diğerleri tarafından *International Journal of Environmental Research and Public Health*'te yayımlanan bir çalışmaya göre: "Altın madenciliği aktiviteleri yüksek miktarda ağır metal yüklü

29 http://bullishcaseforbitcoin.com/references/mccook-article

atık oluşturur, bu atıkların bertarafı kontrolsüz bir şekilde yapılırken, ekosistemi de geniş çaplı bir şekilde kirletir."[30] Buna karşı Bitcoin madenciliği sadece Bitcoin yazılımını çalıştıran bilgisayarlara ihtiyaç duyar ve genellikle Google, Facebook ve Microsoft'unkine benzeyen büyük bilgi işlem merkezlerinde yapılır. Altından yine farklı olarak Bitcoin madenciliği spesifik bir bölgeyle kısıtlı değildir, fazladan elektrik ve internetin olduğu her yerde gerçekleştirilebilir. Bu özelliklerine bir de Bitcoin göndermenin kolaylığı ve ucuzluğunu da eklersek, Bitcoin madencilerinin ekstradan enerji üretiminin olup, kullanılamayan fazla elektrik ziyan olacağından düşük elektrik fiyatlarının olduğu yerlere doğru hareket ettiğini görürüz. Çarpıcı örneklerden birisi, hidroelektrik kapasitenin ihtiyacın üzerinde olduğu Çin'in Siçuan bölgesidir, bu bölge Bitcoin madenciliğinin en yoğun olarak yapıldığı bölgedir. *Thomson Reuters*'ın endüstri ve çevre konusunda kıdemli muhabiri David Stanway'e göre: "Siçuan'daki toplam hidroelektrik kapasitesi 2017 yılında 75 gigawatt'ın üzerindeydi, bu neredeyse bütün Asya'daki kapasitenin toplamına eşdeğer. Eyaletin elektrik şebekesinin taşıyabileceği enerjinin iki katından fazla, yani çöpe giden çok elektrik var demek."[31]

Elektrik hatları üzerinden transfer edilen elektriğin bir kısmı ısıya dönüşüp kaybolur, bu da mesafe uzadıkça kayıpların artması anlamına gelir. Elektrik kaynağına yakın kurulan Bitcoin madencileri bu kayıpları engellerken,

---

30 http://bullishcaseforbitcoin.com/references/gold-mining-impact
31 http://bullishcaseforbitcoin.com/references/hydro-article

Bitcoin madenciliği

elektriği dünyanın her yerine gönderilebilen bir dijital ürün haline getirir. Bir manada, Bitcoin madenciliği hapsolmuş ve kullanılamayacak olan enerjiden faydalanıp, elektrik üretiminin verimliliğini arttırır. Elektrik fazlası üretim maliyetinin olmadığı yenilenebilir enerji kaynaklarından ortaya çıkar, bu tip enerji de karbon salınımı yaratmaz. Bu tür enerji fazlası olan sistemlere en iyi örnekler az önce bahsettiğimiz Çin'deki hidroelektrik santralleri ve İzlanda'da Bitcoin madenciliği için kullanılan jeotermal enerjidir. Bitcoin, yenilenebilir enerji üretimini daha karlı ve sürdürülebilir hale getirdiği için doğaya ve çevreye fayda sağlar diyebiliriz. CoinShares'in 2019 araştırma yazısına göre, "yüksek güvenlik katsayısının kullanıldığı bir tahmine göre, Bitcoin madenciliğinde kullanılan elektriğin %74,1'i yenilenebilir enerjiden sağlanıyor, bu da Bitcoin madenciliğinin dünyadaki bütün büyük ölçek sanayilerden daha fazla yenilenebilir enerji kullandığı anlamına gelir."[32]

Bitcoin'in çevreye olan etkisi ile itibari parasal politikaları karşılaştırırken, itibari para politikalarının çevreye etkisini sadece finansal altyapıdan ibaret olarak düşünmek yanlış olur. İtibari para sistemlerinin vatandaşların güvenini sağlamak adına bir de politik maliyeti vardır. Tarih bir sürü ulusal devletin fethedilip, parçalanmasıyla birlikte parasının ve parasal sistemin çöktüğüne tanık olmuştur. Coğrafik sınırları korumakla yetkilendirilmiş bir ordu olmadan, hiçbir egemen para sistemi hayatta kalamaz. Bu kısım Bitcoin'in tamamı ile mükemmele eriştiği kısımdır. Egemen paraların hayatta kalması için kuralları icra eden merkezî bir yapıya ihtiyaç vardır (örneğin devletler), Bitcoin ise mülkiyet haklarını korumak için merkezî bir otoriteye ihtiyaç duymadan yeni bir parasal sistem oluşturabilmiştir. Bitcoin'i olan bir şahsın "süper mülkiyet hakları"na sahip olduğu düşünülebilir: değerli bir ürünün sahipliğini kolayca elinde tutmak ve herhangi bir devletin zorlamasına yahut yardımına ihtiyaç duymadan onu transfer edebilme lüksü.

Dünya vatandaşlarının merkezsiz bir birikim teknolojisi olan Bitcoin ağına ilgisi arttıkça, buna parallel olarak da madencilik için kullanılan enerji de artış gösterecek. Satoshi Nakamoto bunu, "Bitcoin kullanımının sağladığı faydalar elektrik masraflarının çok üzerinde olacaktır. Bu yüzden Bitcoin'siz bir dünya net bir kayıp olarak görülebilir,"[33] şeklinde açıklamaktadır.

32 http://bullishcaseforbitcoin.com/references/coinshares-paper-1
33 http://bullishcaseforbitcoin.com/references/satoshi-electricity-quote

Baskıcı rejimler altında yaşayan insanlar için Bitcoin'in faydaları teorik değildir, aksine hayat memat meselesidir. Bir New York Times makalesinde Venezuelalı Carlos Hernandez, Bitcoin sahibi olmanın kendisini nasıl hiperenflasyona karşı koruduğunu ve kardeşinin varlıklarına el konulamadan nasıl ülkeyi terk ettiğini anlatır.

Sınır kapılarında görev yapan Venezuelalı askerî personel ülkenin dışına çıkmak isteyen kişilerin paralarına el koymak ile ün salmıştır. Juan ise ezberlediği özel anahtarları ile Bitcoin'ine her an ulaşabildiği için çökmekte olan diktatörlükten ve ekonomisinden rahatlıkla uzaklaşabilmişti. Bitcoin için kullanılan "sınır tanımayan para" kulağa hoş gelen bir söz öbeği olmaktan öte olup, gerçek hayatta karşılık bulan bir kavramdır.[34]

RAKİP BİR KRİPTOPARA BİTCOİN'İ YOK EDEBİLİR Mİ?

Açık kaynaklı bir yazılım protokolü olan Bitcoin'in kodunu kopyalamak ve benzer bir ağ yaratmak her zaman için mümkündür. Yıllar içerisinde de Litecoin gibi minimal değişikliğe sahip kopyaların ve Ethereum gibi tercihen kompleks kontrat altyapıları sunan komplike varyantların da dâhil olduğu olduğu binlerce ağın oluştuğunu görebiliriz. Bitcoin için sıklıkla yapılan eleştirilerden birisi de rakiplerin bu kadar kolay bir şekilde oluştuğu ve son teknoloji ve yazılımsal özellikleri adapte edebildiği bir ortamda Bitcoin'in değerini korumakta yaşayacağı zorluktur.

34 http://bullishcaseforbitcoin.com/references/venezuela-story

Bu argümanın temel hatası ise kriptopara yarışında asıl olanın teknolojik özellikler değil, *parasal* özellikler olduğudur. Teknolojinin değeri, nadirlik gibi parasal özellikleri ne kadar kuvvetlendirdiği ile ölçülmelidir. Paranın esas olduğu noktada, daha sıkıcı, yavaş hareket edip bozulmayan ve türlü türlü testlerden başarı ile çıkmış bir sistem, en yeni ama test edilmemiş bir teknolojiye göre tercih sebebidir.

Üstüne üstlük, yeni çıkan binlerce rakip proje, ilk dominant teknoloji olmanın verdiği ağ etkisine sahip değildir. Ağ etkisi—zaten baskın ağ olduğu için Bitcoin kullanmanın artan değeri—kendi başına önemli bir özelliktir. Ağ etkisine ihtiyaç duyan bütün teknolojilerde ağ etkisinin yaratacağı katkı azımsanmayacak derecede önemlidir.

Bitcoin'in sahip olduğu ağ etkisi, likiditesinden ona sahip olan insan sayısına, yazılımına katkıda bulunan topluluktan marka farkındalığına her aşamada katkı sağlar. Ulus devletler de dâhil olmak üzere büyük yatırımcılar, büyük montanlı alım ve satımların gerçekleşmesi için likiditesi en yüksek pazarlara yatırım yaparlar. Yazılımcılar, en üst seviye yazılımcıların olduğu gruplara üşüşmeye devam eder. Marka bilinirliği de kendi kendine kuvvetlenir, Bitcoin'in rakiplerinden bahsedilirken bunların Bitcoin'in bir türevi olduğu bilinir.

ÇATALLANMALAR BİTCOİN İÇİN BİR TEHDİT OLUŞTURUR MU?

2017 yılında Bitcoin'in kodunu kopyalamanın ötesine geçilip bütün geçmiş işlemleri taşıyan blokzinciri de kopyalamak gibi bir trend ortaya çıktı. Bitcoin'in geçmiş işlemlerini belli bir noktaya kadar kopyalayıp, ağı iki parçaya ayırma metoduna çatallanma denir. Bitcoin'in rakipleri bu metodu kullanırken geniş kullanıcı tabanına ulaşmış ağın coin dağılımından da faydalanmış oluyordu.

Bu tip çatallanmaların en önemlisi 1 Ağustos 2017 tarihinde, yeni bir ağ olan Bitcoin Cash (BCash) ile gerçekleşti. 1 Ağustos 2017 tarihi öncesi N miktar Bitcoin'e sahip olan birisi artık hem N miktar Bitcoin'e sahip olmaya devam ediyor hem de N miktar BCash'e sahip oluyordu. Küçük bir grup olan ama sesi yüksek çıkan BCash yanlıları, Bitcoin'in marka bilinirliğini gasp etmeye çalıştı. Bunu yaparken kendi manipülatif ismini kullanıp acemi kesimi de BCash'in gerçek Bitcoin olduğuna ikna etmeye çalıştılar. Bu çabaları istedikleri sonuca ulaşamadı ve sonunda BCash göreceli olarak küçük bir pazar payı ile yoluna devam etti. Çatallanma gibi olaylar, yeni yatırımcılar için herhangi bir rakibin Bitcoin'i ve blokzinciri klonlayabilmesinden ve bir

Çatallanan bir yol

gecede Bitcoin'in pazar payına sahip olup gerçek Bitcoin'in yerini alabileceği ihtimali ile tedirginlik duyarlar.

Geçmiş Bitcoin ve Ethereum çatallanmalarının bize öğrettiği önemli bir ders ise herhangi bir çatallanma durumunda, komünitenin ve pazar payının ciddi bir kısmının üst düzey ve aktif yazılımcıların olduğu ağda kalacağıdır. Her ne kadar yeni yeni olgunlaşan bir para türü olarak düşünülse de Bitcoin'in bakım ve onarım ve geliştirmelere ihtiyaç duyan yazılımsal bir bilgisayar ağı olduğunu unutmamak gerekir. Yazılımcı tecrübesinin yetersiz olduğu bir kriptoparaya yatırım yapmak, Microsoft'un en iyi yazılımcılarının parçası olmadığı bir Windows kopyası almaya benzer. 2017'de gerçekleşen çatallanmalar bize göstermiştir ki en iyi ve tecrübeli yazılımcılar ve kriptograflar çatallara hiç zaman harcamayıp orijinal Bitcoin'in üzerinde çalışmaya devam etmiştir.

BİTCOİN GERÇEKTEN SINIRLI SAYIDA MI OLACAK?

Bitcoin ağında oluşturulabilecek Bitcoinlerin sayısı limitli olup 21 milyon adedi geçmeyecek olsa da bazı kişiler Bitcoin'in yazılımı kolayca kopyalanıp, blokzinciri çatallanıp, Bitcoin türevi ağlar oluşturulabildiğinden, Bitcoin'in nadirliğinin bir illüzyon olduğunu öne sürer. Bu, düz mantıkla, her sahte *Mona Lisa* tablosunun, tablonun aslının değerini seyreltmesi demek gibi bir şeydir. Aksine, da Vinci'nin tablosunun her kopyası sadece ve sadece bir tane *Mona Lisa* olduğu gerçeğini tekrar tekrar doğrular. Benzer bir şekilde Bitcoin'in her kopyası, sahip olduğu dominasyonu, marka bilinirliğini ve gıpta edilen günlük milyarlarca dolarlık transfere izin veren parasal boyutunu gösterir.

GERÇEK RİSKLER

Bitcoin ile ilgili yapılan eleştirilerin çoğunluğu, paranın eksik anlaşılması ile alakalı hatalı eleştirilerdir. Bununla birlikte, Bitcoin'e yatırım yapmanın önemli risklerinin de olduğu durumlar vardır. Bitcoin'e yatırım yapacak kişilerin ihtiyatlı davranıp bu riskleri iyice anlayıp ona göre karar vermeleri tavsiye edilir.

PROTOKOL RİSKİ

Bitcoin protokolü ve Bitcoin'in temelini oluşturan kriptografinin bir dizayn hatası keşfedilebilir veya kuantum bilgisayarların geliştirilmesi ile kriptografik şifreler güvensiz hale gelebilir. Eğer ki protokolde bir hata bulunur veya bilgisayar teknolojisindeki bir sıçrama ile kriptografi çözülür hale gelirse, Bitcoin'in iyi bir değer saklama aracı olduğu algısı tamiri zor bir hasar görür. Protokol kaynaklı riskler, Bitcoin'in erken yıllarında daha fazlaydı. En tecrübeli kriptografların bile Satoshi Nakamoto'nun Bizans Generalleri problemine bulduğu çözümü tam olarak anlaması zaman aldı. Bitcoin protokolündeki potansiyel sorunlar, protokole gerçekleştirilen saldırın sonuçsuz kalması ve sonuç elde edilen saldırılara karşı önlemler alınması ile gittikçe azaldı. Bitcoin yazılımcıları, kuantum bilgisayarların yaratacağı potansiyel riskin uzun yıllardır farkında ve kuantum bilgisayarların tehditlerine karşı çözümler üzerine çalışmalar yapıldı.[35] Bitcoin'in teknolojik doğası göz önüne alındığında, her geçen gün tehditleri zayıflasa da, protokol riskleri, varlığını sürdürmeye devam edecektir.

DEVLET SALDIRILARI RİSKİ

Devletler, ilk ortaya çıktığı yıllarda bile, Bitcoin'e karşı dost canlısı bir tavır sergilememiştir. Günümüzde de, devletlerin Bitcoin'e karşı olası saldırıları, yatırımcıların en çok dikkat etmesi gereken güncel ve tehlikeli tehditlerdendir. Devlet sırlarını açığa çıkaran Wikileaks sitesi, 2010 yılında Bitcoin ile bağış toplamayı düşünüyordu. Satoshi Nakamoto, Bitcointalk forumunda, Wikileaks'in daha emekleme aşamasında olan Bitcoin ile bağış toplamasını istemediğini çünkü yarattığı sistemin organize bir devlet saldırısına karşı henüz hazır olmadığını söyler. Wikileaks o yıllarda Bitcoin ile bağış toplamasa da merkezsiz

---

[35] http://bullishcaseforbitcoin.com/references/quantum-computing

ve izinsiz olan Bitcoin'in, Şubat 2011 yılında kurulan Silk Road sitesindeki yasaklı maddelerin satımında kullanımının önüne geçilemez. Silk Road'daki kullanımı ile Bitcoin Amerika Birleşik Devletler Kongresi'nin de ilk defa dikkatini çekmiştir. Batı Virginia Senatörü Joe Manchin, 2014 yılında halka açık bir şekilde federal yasa yapıcıları Bitcoin'i yasaklamaya davet ettiği yazısında şunları dile getirdi

> Bitcoin'in anonim yapısını kullanarak, sanal marketlerde, bilgisayar korsanları ve dolandırıcılar, Bitcoin kullanıcılarından milyonlarca dolar değerinde haksız kazanç sağlamaktadır. Anonimlik ve Bitcoin'in finansal işlemleri hızlı bir şekilde sonlandıran yapısı, transferlerin iptalini neredeyse imkânsıza yakın derecede zorlaştırıyor.
> Bitcoin şahısların yasadışı ürünler almak için de sığındığı bir araç olmuştur. Şahıslar, kimliklerini açık etmeden, uyuşturucu madde ve silah gibi yasadışı ürünlere sahip olabiliyordu. Bitcoin'i kullanarak uzun yıllar suçlulara uyuşturucu ve farklı karaborsa ürünleri sağlayan, şu anda kapalı olan Silkroad hakkında yasa yapıcılara zamanında bir yazı ilettim.[36]

Manchin'in yanlış bildiği halde üzerine direttiği kısım, Bitcoin anonim olduğundan, yasadışı işlemlerde kullanım için çok uygun olduğuydu. Gerçekte ise Bitcoin blokzinciri

---

36 http://bullishcaseforbitcoin.com/references/manchin-letter

halka açık ve izlenebilir bir yapıya sahip olduğundan kanun uygulayıcılar blokzincir analiz yazılımları kullanarak yıllarca önce gerçekleşmiş işlemleri bile takip edebilirdi. Blokzincir analiz metotlarının geliştirilmesi ve kullanımı ile Bitcoin'i kriminal aktivitelerde kullanan önemli bir kısım şahıs yakalanıp yargılanınca, Bitcoin'in anonim olup suç teşkil içeren aktivitelerde kullanıldığı algısı da yıkılmış oldu. Bitcoin'in talep görmesinin asıl sebebinin yasadışı aktivitelerden ziyade, insanların birikim ve değer saklama aracı olarak kullanması olduğu, blokzincir analizleri ile ortaya daha da net bir şekilde çıktı. Bitcoin'in üstün bir değer saklama aracı olması ise ulusal devletler için hâlâ önemli bir tehditti, bu özelliği onların para üzerindeki kontrolünü zayıflatıyordu. Para üzerindeki kontrolü kaybolmaya devam ettikçe pek çok devlet de Bitcoin'e saldırılarını sürdürmeye devam edecek.

    Devletlerin Bitcoin'e saldırıları farklı formlarda olabilir. Bazıları kullanımını regüle edip Bitcoin kullanımı öncesi kullanıcıların kimlik bildirimi yapmasını isteyebilir, bazı devletler Bitcoin sahipliğini tümü ile yasadışı hale getirebilir, bazı devletler de Bitcoinlere el koymaya çalışabilir. Devletlerin, insanların Bitcoinlerine el koyması çok sert bir uygulama gibi gözükse de geçmişte benzer uygulamalarla devletlerin mülkiyet haklarına saldırdığını görebiliriz. 1933 yılında ABD Başkanı Franklin Roosevelt büyük ekonomik depresyonun etkilerini azaltmak adına 6102 numaralı Başkanlık Emri'ni çıkararak, Amerika vatandaşlarının ellerinde tuttukları altınları teslim etmelerini isteyip devamında da

6102 Numaralı Başkanlık Emri

altın sahipliğini yasadışı yapmıştır. Altının transferi, depolaması ve güvende tutması zor olduğundan, vatandaşların birikimlerinin büyük bir kısmı bankalar gibi finans kuruluşlarında durması, Amerika hükümeti için hedefi daha merkezî ve kolay müdahale edilebilir hale getirmiştir.

Bitcoin dijital ve merkezsiz yapısı sayesinde devletlerin engelleme ve regüle etme girişimlerine karşı azımsanmayacak derecede dayanıklılık gösterir. Bitcoinlerin itibari para birimleri ile değişiminin yapıldığı borsalar merkezî oldukları için devletler tarafından sert yaptırımlara tabi tutulabilir ve hatta kapatılabilirler. Merkezî borsalar ve bankaların onlarla çalışma hevesi olmasa Bitcoin'in parasallaşma süreci aksayabilir veya tamamen durabilirdi. Bitcoin tezgâh üstü piyasalar ve merkezsiz borsalar gibi alternatif likidite kaynaklarına sahip olsa da fiyat keşfinin yapıldığı kritik süreç için yüksek likiditesi olan ve şu an merkezî olan borsalar önemlidir.

Borsaların kapatılma risklerini hafifletmek adına kuruldukları ülkelerden, kuralların daha esnek olduğu ülkelere taşındıklarını görürüz. Çin'de kurulan ve dünyada öne çıkan borsalar arasında yer alan Binance, Çin hükümetinin, Çin anakarasındaki işlemlerini durdurması üzerine, genel merkezini ilk olarak Japonya'ya, sonrasında da Malta'ya taşımıştır. Ulusal devletlerin bazıları da yeni gelişen ve internet gibi kaçınılmaz olma ihtimali olan bu endüstriyi kaçırıp, rekabetçi avantajlarını başka ülkelere teslim etmekten korkmaktadır.

Bitcoin'in parasallaşma sürecini durdurmak için, bütün Bitcoin borsalarının koordineli bir şekilde global olarak kapatılması gereklidir. Bitcoin geniş kitleler tarafından benimsenirse, Bitcoin'e ulaşmayı engellemek de tıpkı internete ulaşımı engellemek gibi politik olarak mümkün olmayan bir hale gelir. Olumlu işaretlerden birisi Bitcoin'in her geçen gün daha fazla finansal kurum ve şirket tarafından benimsenmesidir. Finansal kurum ve şirketler, küçük yatırımcıların yapmasının etkili olmadığı lobi faaliyetleri ile hükümetlerin karar mekanizmalarını etkileyebilir. Amerika Birleşik Devletleri'nin en büyük borsası Coinbase'nin de bu paragrafın yazıldığı an itibari ile 100 milyar dolarlık bir değerlemeyle halka açılması ve borsaya kote olması da olumlu bir gelişmedir. Bu ve benzeri halka açılmalar ile yasa yapıcıların da politik kararlar verirken daha dikkatli davranıp, milyarlarca dolarlık sermayeyi ve ona yatırım yapmış insanları da düşünüp, onlara zarar vermekten kaçınan kararlar verme ihtimalleri yükselir. Son olarak da politikacılar ve onların temsil ettiği kişilerin de Bitcoin sahibi olması ile birlikte Bitcoin'e karşı saldırgan politikalara karşı doğal bir siper oluşmaktadır.

Dünyadaki bütün borsaların koordineli bir şekilde kapatılması düşük olsa da ihtimaller dâhilindedir ve Bitcoin'e yatırım yapılırken bir risk olarak algılanmalıdır. 4. Bölüm'de de bahsettiğimiz üzere, ulus devletler, sahibi olmayan, sansürlenemeyen bu paranın, kurallarını kendilerinin belirlediği egemen para politikalarına karşı yarattığı tehdidin farkına varmaya başladılar. Bitcoin'i parasal politikalarına karşı bir tehdit olarak algılayan devletlerin, Bitcoin'e karşı politik saldırıları ne zaman yapacakları ise cevabı açık olmayan bir sorudur. Acaba devletler bir an önce harekete geçmeye başlayacaklar mı yoksa Bitcoin'in geniş kitlelere hitap etmesi ve yerini sağlamlaştırması ile birlikte Bitcoin'e saldırmayı abesle iştigal etmek olarak mı göreceklerdir?

MADENCİLİĞİN MERKEZÎLEŞMESİ RİSKİ

Bitcoin madencileri, Bitcoin ağı üzerinde çalışan ve ağa iletilen işlem isteklerini onaylayıp, geçici olarak sıralamak ile yükümlü bilgisayarlardır. Yatırımcılar, Bitcoin madenciliği için ayrılan kaynakların yani işlem gücünün merkezîleşmesinin yaratacağı problemlerin bilincinde olmalıdırlar. İşlem gücünün birkaç kişi üzerinde toplanması, ağı saldırıya açık hale getirir. Bu saldırılar politik ya da çifte harcama adı verilen ekonomik saldırılar olarak karşımıza çıkabilir.

Çifte harcama, toplam işlem gücünün çoğunluğunu elinde tutan bir madencilik firması veya madencilik kartelinin, Bitcoin'ini dolar veya herhangi bir değeri olan başka bir şey karşılığında sattıktan sonra, ellerindeki yüksek işlem gücünü kullanarak blokzinciri yeniden düzenleyip, sattıkları Bitcoin'i hiç satmamış gibi göstermesi olarak bilinir. Çifte harcama yapmak hem riskli hem de maliyetlidir; blokzinciri yeniden düzenlemeye çalışan taraf başarılı olamayabilirken, başarılı olup blokzinciri yeniden düzenledikleri durumunda ise Bitcoin ağına olan güven sarsılacağından kendi birikimlerinin de değerini düşürecektir. Satoshi Nakamoto çifte harcama tehdidini ilk başlardan öngörmüştür ve Bitcoin teknik dokümanında da yazdığı üzere, madencilerin dürüst bir şekilde madencilik yapması, potansiyel bir saldırı gerçekleştirmeye göre daha kazançlı olduğu için dürüst madenciliğin finansal bir teşviki vardır.

Eğer ki açgözlü bir saldırgan bütün diğer katılımcılardan fazla bir CPU gücüne sahipse, bu kişi ya insanların işlemlerini yeniden düzenleyerek Bitcoinlerini ele geçirmeye çalışabilir ya da dürüst bir şekilde madencilik yaparak yeni coinler bulabilir. Bu kişinin kurallar dâhilinde oynaması diğer herkesten fazla sayıda jetona sahip olmasını sağlar ve sistemi alt etmeye çalışıp kendi servetinin bulunduğu ağa olan güveni zayıflatmasından net olarak daha kârlıdır.

Bitcoin teknik dokümanı 2008 yılında, Bitcoin ağı daha ortada yokken yayımladığında, Nakamoto'nun yukarıdaki iddiası saldırganların kendi ekonomik çıkarlarını gözeteceğini savunan bir teoriydi. Yakın zamanda Savolainen ve Ruiz-Ogarrio tarafından yapılan bir araştırma Nakamoto'nun teorisinin pratikte de karşılığı olduğunu gösterir.

[Madencilik] havuzlarının geçmişini incelediğimizde, geçmiş havuz dağılımlarının çifte harcama saldırıları için daha yüksek bir risk oluşturmadığı sonucuna varıyoruz... Bu sebeple, ulaştığımız sonuçlar itibari ile, madenciliğin belli havuzlarda konsantre olmasının, yaygın olan görüşün aksine zararsız olduğu çıkarımına varabiliriz. Ekonomik olarak fayda olmadığı durumlarda, bir işlemin uygulanabilir olması o işlemin arzu edilebilir olması anlamına gelmez.[37]

---

37 http://bullishcaseforbitcoin.com/references/too-big-to-cheat-paper

Nakamoto'nun orijinal tasarımı, ekonomik olarak çıkarını savunan grupların çifte harcama saldırılarını öngörürken, ulus devletler tarafından zararına da olsa fonlanabilecek madencilik firmaları ile yapılabilecek politik saldırıları es geçmiştir. Ulus devletler, politik güçlerini ellerinde tutmak amacı ile, komşularla savaşa girmek gibi ekonomik açıdan mantık dışı olan aksiyonlarda sıklıkla bulunurlar. Bir ulus devlet, vatandaşların devlet kontrolü dışında hareket etmesini engellemek amacıyla Bitcoin madenciliğine de politik bir saldırı gerçekleştirebilir. Alternatif olarak da bir ulus devlet kendi parasal politikalarına karşı bir tehdit oluşturduğundan dolayı Bitcoin'in ölmesini isteyebilir. Bitcoin'e zarar vermek isteyen ulus devletlerden birisinin elinde Bitcoin madenciliğinde kullanmak üzere ayırabileceği yeteri kadar bilgisayar gücü varsa, o devlet potansiyel olarak işlemleri sansürleyebilir, ağ için ayrılmış işlem gücünü azaltarak, ağın güvenliğini dramatik olarak düşürüp Bitcoin'in parasal gücüne olan güveni zayıflatabilir.

Bitcoin ağına saldırma motivasyonu olabilecek ülkeler arasında Çin Halk Cumhuriyeti en yüksek kapasiteye sahip olan ülkedir. Madencilik için kullanılan çip üretim tesislerinin anavatanı olan bu ülkede, yine madencilik için kullanabilecekleri elektrik enerjisi fazlası da bulunmaktadır. Çin, madenciliğin iki ayağı olan çip üretimi ve madencilik operasyonları konusunda açık ara en dominant ülkedir. CoinShares Research'ün 2019 çalışmasına göre, "Bitcoin işlem gücünün %65'e yakını Çin'de bulunmaktadır".[38] Çin devletinin çip üretimini ve madenciliği millîleştirmesi ve kamulaştırması Bitcoin ağı için ciddi bir tehdit oluşturabilir. Her ne kadar Çin Halk Cumhuriyeti'nin Bitcoin'e yönelik saldırılarını tamamen ortadan kaldıracak bir metot olmasa da böyle bir saldırıyı nötralize etmemizi sağlayacak nükleer çözümler mevcuttur. Nükleer çözümlerden birisi, iş yapma kanıtları (*proof of work*) metodunda değişikliklere gitmektir. Bu nükleer opsiyonu ve yaratacağı etkileri tamamen anlamak adına, Bitcoin madencilik tarihini kısaca özetlememizin faydası var.

Bitcoin ağının 2009 yılındaki başlangıcından itibaren madencilik için kullanılan bilgisayarlar tükettikleri elektrik başına işlem sayısını arttıracak şekilde özelleşmeye başladı. İlk günlerde ağa katılanlar günlük bilgisayarlarını kullanarak madencilik yapabiliyordu. Mayıs 2010 yılında is Lazslo Hanyecz, ekran kartı adı verilen görsel işleme konusunda optimize edilmiş çipler ile standart bilgisayar işlemcilerine göre daha verimli madencilik yapıldığını keşfetti. Hanyecz'in keşfi madencilik donanımı konusunda silahlanma yarışını başlattı. Madencilik donanımında gelinen son nokta ise uygulamaya özel tümleşik devrelerdir (ASICs). Bitcoin madenciliği için üretilen ilk tümleşik devreleri 2013 yılında Çin asıllı Canaan Cretaive firması üretmeye başladı. Bitmain ve Bitfury gibi üreticiler de Canaan'ı takip ederek yüksek rekabetçi tümleşik çip pazarı için üretim yapmaya başladılar. ASIC madencilik cihazları, tek

---

38 http://bullishcaseforbitcoin.com/references/coinshares-paper-2

bir iş ve o işi en yüksek verimlilikte yapmak için geliştirilmiş özel bilgisayarlardı: Bitcoin'in iş bitirme kanıtları olan SHA256 fonksiyonunu mümkün olan en hızlı şekilde çözmek. Seri bir şekilde SHA256 fonksiyonlarını çözen bu cihazlar, kabul edilebilir bir cevaba ulaşıp blokzincire bir sonraki blok kaydını gerçekleştirip, blok ödülünü almak için çalışır.

Bitcoin madenciliğinin temel yapı taşı olan SHA256 fonksiyonunu en optimum şekilde çözecek donanımların geliştirilmesi ve üretimi için milyarlarca dolarlık yatırım yapılmıştır. Gerekmesi halinde SHA256 iş yapma kanıtı fonksiyonunu SHA512 gibi farklı fonksiyonlarla değiştirmek mümkündür. Bu değişimin yapılması SHA256 fonksiyonunu en optimize şekilde çözmek için özel üretilmiş tümleşik devreleri kullanılamaz hale getirir ve bu cihazları kullanan madenciler ve üretimini gerçekleştiren firmalar için yıkıcı sonuçlar doğurur. Çin gibi devletlerin Bitcoin'e saldırabileceği içinden çıkması zor durumlarda kullanılabilecek bu tür önlemler, ağ için de tehlike arz etmektedir. Bitcoin ağı katılımcıları ve Bitcoin'i birikimlerini saklamak için kullanan yatırımcılar tek bir iş yapma kanıtı fonksiyonu üzerinde uzlaşamazsa, Bitcoin topluluğu birden fazla parçaya bölünüp gruplaşmalar oluşabilir. Her grup kendi tercih ettiği iş yapma kanıtını çalıştırırken, kendi kullandığı fonksiyonun gerçek Bitcoin olduğunu iddia edebilir. İlaveten, SHA256 tabanlı madencilik cihazları ve madencilik tesislerine yapılan hatırı sayılır miktarda yatırım yeni fonksiyon için de yapılmazsa Bitcoin ağının güvenliği çarpıcı biçimde düşer. Bu yüzden iş yapma kanıtı fonksiyonlarındaki yapılması düşünülen herhangi bir değişiklik, nükleer çözüm olarak görülmelidir ve ters tepme ihtimali de göz önüne alınarak, bu tür çözümlere yalnızca başka bir alternatif olmadığı zaman başvurulmalıdır. Bitcoin iş yapma kanıtı fonksiyonunun değiştirilebilir olması, Bitcoin madenciliğini ele geçirmeyi düşünen ulusal devletler için caydırıcıdır ve devletlerin SHA256 çözen devrelere yatırım yapmasını anlamsızlaştırır.

MUHAFAZA RİSKİ

Bitcoin alan firmalar ve finansal kurumlar, Bitcoinleri güvenli bir şekilde tutması için genellikle saklama hizmeti veren regüle edilmiş kurumlara güvenir. Bitcoin'in değeri artmaya devam ettikçe, bu saklama kurumları kendilerini yüzlerce milyar dolar değerindeki Bitcoin'i saklar halde bulacaklar, korunması gereken miktar arttıkça da bilgisayar korsanları tarafından daha büyük bir hedef haline gelecekler. Altın gibi fiziksel ürünleri koruyan saklama kurumları için tehditler altının depolandığı merkezin fiziksel korunması ile ortadan kalkarken, Bitcoin saklanırken dünyanın her tarafından gelebilecek bilgisayar korsanı saldırılarına karşı da önlem alınmalıdır. Önemli bir Bitcoin saklama kurumunun dijital hırsızlığa uğraması, firmaların ve kurumsal yatırımcının kurumsal saklama kurumlarına olan güvenini ciddi bir şekilde zedeleyebilir.

Geniş kapsamlı bir siber saldırının önüne geçecek yazılımsal iyileştirmeler ve varlıkları internete bağlı olmayan cihazlarda saklamaya yarayan donanımların geliştirilmesi ile saldırıların yaratabileceği etki minimize edilmeye çalışılabilir. Büyük bir hırsızlık her zaman ihtimaller dâhilinde olsa da Bitcoin'in erken tarihinde yaşanan ve MtGox borsasının çökmesine sebep olacak büyüklükte bir hırsızlığın gerçekleşmesi çok daha düşük ihtimalli gözüküyor.

MERKEZ BANKASI POLİTİKALARININ YARATABİLECEĞİ RİSKLER

1970'lerin sonlarında Amerika Birleşik Devletleri parasal enflasyonun yüksek olduğu bir dönem yaşadı, yüksek parasal enflasyon da altın için boğa senaryosu yarattı. Bu süreç on yılda tepe noktasına ulaşırken Amerikan dolarına olan güven Federal Rezerv Başkanı Paul Volcker'ın aldığı sert önlemlerle geri kazanıldı. Federal Rezerv başkanlığı görevi yeni başlayan Volcker, 1980 yılında kısa vadeli faiz oranlarını daha önce görülmemiş seviyeler olan %20'lerre çıkarmış, bunu sonucunda da Amerika ekonomisini sarsıp bir durgunluğa sokarken, altın fiyatlarını birkaç on yıl sürecek şekilde ayı piyasasına alıp, 1970'lerin önüne geçilmeyen fiyat artışlarını da evcilleştirmeyi başarmıştır.[39]

Pazar büyüklüğü trilyonlarla ölçülen parasal ürün altın, Federal Rezerv'in politik kararları karşısında kırılgandı. Ne zaman Federal Rezerv faiz oranlarını yeterli ölçüde artırırsa, altına olan talep hiçbir doğal getirisi olmayan altından, kısa vadede yüksek faizler toplayan dolara kayardı. Daha küçük bir pazar büyüklüğüne sahip olan Bitcoin'in fiyat hareketleri ise, Federal Rezerv politikalarındansa,

---

[39] http://bullishcaseforbitcoin.com/references/volcker-inflation-fighting

Eski Federal Rezerv Başkanı Paul Volcker'ın portresi

yeni katılan yatırımcıların sermayeleri ile hareket ederdi. Bitcoin'in pazar büyüklüğü altınınkine yaklaştıkça, Federal Rezerv'in makro ekonomik kararları, Bitcoin'i de etkilemeye başlayacaktır. Eğer ki Bitcoin, dolara karşı parasallaşma sürecine durmadan devam ederse, Amerikan Merkez Bankası bunu bir tehdit olarak algılayıp Volcker'ın 1980'lerde yaptığı gibi kısa vadeli faizleri hızlı bir şekilde yükseltebilir. Yalnız, böyle bir faiz artırımını bugün yapmak ile 1970'lerin sonlarında yapmak arasında keskin bir fark vardır. Amerika'nın borcunun GSYİH'sinin oranı 1970'lerin sonunda, bugün olduğu gibi %100'ün üzerinde değildi. Borcun GSYİH'ye oranı 1980'de %40'ın altındaydı. Federal Rezerv'in faiz oranı arttırması hâlâ bir tehdit olmaya devam etse de Merkez Bankası'nın böyle bir önlem alması borç yükünün çok yüksek olduğu Amerikan hazinesinin elini kolunu bağlayıp, içinden çıkılamayacak bir borç krizine sebep olabilir. Federal Rezerv, içinde bulunduğu mali faktörleri göz önünde bulundurarak, Bitcoin'in pazar payının altınınkine doğru yavaş yavaş yaklaştığı bugünlerde, Bitcoin'in parasallaşma sürecini destekleyen gevşek para politikasını sürdürmek zorunda kalabilir.

TEKRARDAN İPOTEKLENME RİSKİ

Kısa satmak (*shorting*), marjin alım satımları (*buying on margin*), türev işlemler gibi ileri seviye yatırım araçları sunan finansal kuruluşlar, hizmetlerini kullanıp yatırım yapan kişilerin hesaplarında bu işlemleri yapmalarına izin verecek miktarda nakit para, hisse, bono veya benzeri varlık sınıflarını teminat göstermesini ister. Bu teminatlar, müşterinin finansal kayıp yaşayacağı yanlış işlemler yapması gibi durumlarda finansal kuruluşun riske girmesini engeller. Örnek olarak bir müşteri bir hisseyi kısa satarsa ve o hissenin değeri artıp müşteri zarar ederse, finansal kuruluş müşterinin teminat gösterdiği varlığın bir kısmını ya da hepsini satarak zararı karşılar.

Tekrardan ipotekleme (*rehypothecation*), finansal kurumların, müşterilerin teminat olarak gösterdikleri varlıkları kendi yatırımları için kullanmalarıdır, bunu yapan finansal kurumlar potansiyel olarak kâr marjlarını artırır ama müşterinin teminatını da riske sokar. Teminatlarının tekrardan kullanılmasına izin veren yatırımcılar da karşılığında kısa satış yaptıkları zaman daha düşük faiz oranları öderler. Tekrardan ipotekleme tedbirli bir şekilde yapılırsa, aracı finans kurumlarının daha düşük ve hatta bazı durumlarda da sıfır maliyetle hizmet vermesine imkân verirken piyasanın likidite derinliğini artırır. Tam tersine, tedbirsiz bir şekilde yapılan işlemler ise finansal sistem için sistematik riskler ortaya çıkarır. Teminatların birden fazla kere, pek çok farklı kuruma tekrardan ipoteklenmesi, herhangi bir başarısız yatırımda domino etkisi yaratarak varlık fiyatlarını aşağı çekerken, ciddi bir likidite krizine de sebep olur. IMF'nin 2010 yılındaki raporunda Singh ve Aitken'e göre de tekrardan ipotek etme 2008 finansal krizinde önemli bir rol oynamıştır. "Son krizde tekrardan ipotekleme (teminatın yeniden kullanımı) sürece dâhil edildiğinde, bankalara yapılan bankacılık sektörü dışındaki fonlamanın yarattığı çöküşün de oldukça büyük boyutlarda olduğu ortaya çıkar."[40]

Bitcoin'in ilk kez ciddi bir şekilde teminat olarak kullanımı 2014 yılında Hong Kong temelli kriptopara borsası BitMex'in kurulmasıyla başlar. BitMex müşterileri borsaya Bitcoin yatırıp, teminat gösterdikleri Bitcoinler ile sürekli vadeli işlem sözleşmesi gibi çeşitli türev enstrümanlarını kullanarak Bitcoin fiyatı ile ilgili çeşitli tahminlerde bulunabiliyordu. BitMex'in sunduğu kontratlar müşterilerin kaldıraç kullanarak Bitcoin'in gelecekteki fiyatıyla ilgili tahminlerde bulunmasını sağlıyordu. İtibari para birimlerine ihtiyaç duymayan bir borsa olan BitMex böylece

---

40 http://bullishcaseforbitcoin.com/references/imf-rehypothecation-article

piyasayı regüle eden CFTC (Commodity Futures Trading Commission; Emtia Vadeli İşlemler Kurulu) gibi yapıların bürokratik yüklerinin etrafından dolaşarak çok hızlı bir şekilde büyüyebiliyordu. 2020 Ağustos ayına geldiğimizde, borsa 75 milyar dolarlık işlem hacmine ulaşıp kurucularını milyarder statüsüne sokmuştur.[41] BitMex'in Bitcoin'i teminat olarak kullanan öncü borsa olması ve elde ettiği başarılar dikkatlerden kaçmadı. 1898 yılında kurulan saygın Chicago Ticaret Borsası'ndan, BlockFi gibi müşterilerine yatırdıkları Bitcoin karşılığında faiz veren bir sürü firma BitMex gibi Bitcoin'i teminat olarak kullanmaya başladı. Makroekonomi yorumcusu Raoul Pal'ın "saf bir teminat aracı" olarak tanımladığı Bitcoin'in doğal yapısı ve kendine has özellikleri gereği, teminat olarak kullanımına artan ciddi bir ilgi vardır.

1. Bitcoin globaldir ve günlük olarak milyarlarca dolar değerinde ticaret hacmine sahiptir.

2. Bitcoin piyasası 7/24 açıktır, hisse senetlerinin aksine sürekli ticareti yapılabilir, finansal kurumlar teminat olarak gösterdikleri Bitcoin'i, portfolyolarında herhangi bir risk sezdikleri anda satabilirler.

3. Bitcoin, bonolarda olduğu gibi herhangi bir üçüncü tarafın yükümlülüğü altında değildir, bu sebeple karşı taraf riski yoktur.

---

[41] http://bullishcaseforbitcoin.com/references/bitmex-story

4. Dijital olması, altının aksine saklanma ve koruma maliyetlerinin düşük olmasını sağlar ve teminat olarak kullanmak için uygun bir varlıktır.

Bitcoin her geçen gün daha fazla kişi tarafından ideal bir teminat olarak tanınmaktadır, teminat olarak kullanımının artması da parasallaşma süreci için önemli bir talep kaynağıdır. Teminat olarak kullanımının artması da Bitcoin'in sorumsuzca tekrardan ipoteklenmesi riskini beraberinde getirecektir. Bu nispeten yeni endüstride yatırımcıların kullandıkları aracı kuruluşları dikkatlice seçmesi ve ipotek edilen Bitcoinlerin ne tür yatırımlarda kullanılacağını araştırması önemlidir. Bitcoin tekrar ipoteklenmesi riskleri bono ve hisse gibi varlıklarınkinden daha da fazladır. Birçok finansal kurumun, teminatlandırılmış bonoları satması gerektiği olası likidite krizlerinde, bonolar nakit akışı yarattığı için, fiyatları belli seviyenin altına düşmez. Herhangi bir nakit akışına bağlı olmayan Bitcoin gibi varlıklarda ise olası bir likidite krizinde fiyatların düşeceği noktanın herhangi bir alt limiti yoktur. Kitabın 3. Bölümü'ndeki paranın izlediği patikayı da göz önüne alırsak, Bitcoin fiyatındaki böyle bir düşüş, bu varlıkla ilgili olan gelecek beklentilerini altüst edip gelecekteki parasallaşma sürecine zarar verebilir hatta durdurabilir.

Kontrolsüz bir tekrardan ipoteklenme sürecine karşı alınabilecek en iyi önlemler, güçlü regülasyonlar ve finansal sistemin teminat ve yönetim sürecinde yaptıklarını şeffaflaştırmasıdır. Güçlü regülasyonlar genelde CFTC (ABD'nin

SPK'sı) gibi kurumlar tarafından uygulanırken, bu kurumlar alışagelmişin dışındaki yeni teknolojilere ayak uydurma konusunda yavaş kalıp yıllar evvel belirledikleri metotları yeni teknolojiye uyarlamaya çalışırlar. En iyi regülasyonu ise serbest pazar sağlar, sorumsuzca yatırım yapan finansal kuruluşların batmasına izin verilmelidir. Yanlış uygulamalarda bulunan kurumlar cezalandırılmalı, 2008 yılındaki emlak krizinde olduğu gibi sistemik riskler yaratmalarına izin verilip kurtarılmamalıdır.

İKAME EDİLEBİLİRLİĞİN MÜKEMMEL OLMAMASI

Açık ve şeffaf yapısı ile Bitcoin blokzinciri, ülkelerin tasvip etmedikleri işlemleri işaretlemesine ve bu işlemlerin gerçekleştiği Bitcoinleri kusurlu (*tainted*) olarak tanımlamasını mümkün kılar. Bitcoin'in sansürlenmeye dirençli yapısı bu Bitcoinlerin protokol seviyesinde transferine izin verirken, eğer ki regülatörler kusurlu olarak tanımlanan bu Bitcoinlerin tüccarlar ve borsalar tarafından kullanımına izin vermez ise kusurlu Bitcoinlerin değeri ciddi anlamda düşebilir. Bunun gerçekleşmesi ile de Bitcoin, paranın önemli özelliklerinden biri olan ikame edilebilirliği kaybeder.

Bitcoin'in mükemmel olmayan ikame edilebilirliğini düzeltmek adına, işlemlerin mahremiyetini artıracak çalışmalar protokol seviyesinde yapılmaktadır. Monero ve ZCash gibi dijital para birimlerinde uygulanan mahremiyet arttırıcı metotları Bitcoin ağına uygulamadan önce mahremiyeti hangi bedel karşılığında elde edeceğimizi anlamak önemlidir. Bitcoin işlemlerinin mahremiyetini artırırken sağladığı diğer parasal özellikleri zayıflatmamak önemlidir.

SONUÇ

Bitcoin başlangıç aşamasında olan ve parasallaşma sürecinde yeni yeni koleksiyon ürünü aşamasından değer saklama ürünü aşamasına geçen bir para birimidir. Sahipsiz bir parasal ürün olması sebebi ile belli bir noktada 19. yüzyılda klasik altın standardında olduğu gibi global bir rezerv para birimi haline gelebilir. Bitcoin'in rezerv para birimi haline gelmesi, 2010 yılında Satoshi Nakamoto'nun Mike Hearn ile olan e-posta yazışmasında da geçtiği gibi, tam olarak Bitcoin'in boğa senaryosudur: "Dünyadaki ticaretin bir kısmında kullanıldığını hayal edersen, 21 milyon Bitcoin olması birim başına düşen değerin çok daha yüksek olacağı anlamına gelir."[42]

Benzer bir açıklama, Bitcoin'in ilk çalışan yazılımını kullanmaya başlayan, Nakamoto tarafından gönderilen ilk Bitcoinleri alan usta kriptograf Hal Finney tarafından daha ikna edici bir şekilde yapılmıştır:

> Bitcoin'in başarılı olup dünya tarafından kabul görmüş dominant para birimi olduğunu hayal edin. Bu para biriminin değeri dünyadaki bütün servete eşit hale gelir. Hane halkının şu anki tahmini servetinin 100 trilyon dolar ile 300 trilyon dolar arasında olduğunu tahmin ediyorum. 20 milyon

[42] http://bullishcaseforbitcoin.com/references/satoshi-hearn-email

coinin olduğu bir durumda bu her coinin yaklaşık olarak 10 milyon dolar değerinde olması anlamına gelir.[43]

Genel olarak kabul görmediği ve tam anlamıyla rezerv para birimi olmayıp, altın ile sahipsiz bir para birimi olma konusunda yarıştığı senaryoda bile Bitcoin'in güncel değeri, ulaşabileceği değerin çok altında. Piyasa değeri yaklaşık 10 trilyon dolar olan yeryüzüne çıkarılmış altının değerini Bitcoin'in güncel arzına böldüğümüzde bir Bitcoin'in değeri yaklaşık olarak 540.000 dolar olarak karşımıza çıkıyor. 2. Bölüm'de gördüğümüz üzere Bitcoin'in sahip olduğu özellikler onu iyi bir değer saklama aracı yapıyor. Bitcoin ve altının parasal özelliklerini karşılaştırdığımızda, kabul görmüşlük hariç her kriterde en az altın kadar iyi sonuçlar elde ettiğini görürüz. Zaman ilerledikçe ve Lindy etkisi kendini göstermeye başladıkça altının kabul görmüşlüğü de şu an sahip olduğu avantajı kaybetmeye başlayacak. Bu sebeple önümüzdeki on yıllık süreçte Bitcoin'in toplam değerinin, altının toplam değerinin üzerine çıkması ihtimaller dışında gözükmüyor.

Bu tez ile ilgili olarak yapılması gereken uyarılardan birisi ise altının piyasa değerinin büyük çoğunluğunu merkez bankalarının altını değer saklama aracı olarak tutması kaynaklı olduğudur. Bitcoin'in altının piyasa değerini geçmesi için de ulusal devletlerin katkısı gerekli olacaktır. Gelişmiş Batı demokrasilerinin rezervlerinde Bitcoin

---

[43] http://bullishcaseforbitcoin.com/references/hal-finney-quote

tutup tutmayacağı belirsizliğini korumaya devam ederken, ne yazık ki daha küçük diktatörlüklerin Bitcoin pazarına ilk girecek uluslar olacağını tahmin ediyorum.

Hiçbir ulus devletin Bitcoin pazarının bir parçası olmaması halinde de Bitcoin yine de boğa senaryosuna devam eder. Sahipsiz bir değer saklama aracı olan Bitcoin'in, sadece küçük yatırımcılar ve kurumsal yatırımcıların ilgisini çekmesi halinde bile daha benimsenme eğrisinin çok başında olup geç çoğunluk ve daha da yavaş hareket eden ağır kesimin yıllar içindeki katılımı ile 100.000 ile 250.000 dolar arası değere sahip olacağı öngörülebilir.

Bitcoin sahibi olmak, dünyadaki herkesin katılabileceği bir harekete dâhil olarak yapılmış en asimetrik iddialardan birisidir. Bitcoin'e yatırım yapmak alım opsiyonlarına yatırım yapmaya benzerlik gösterir. Yatırımcı aşağı yönde 1x ile karşılaşırken yukarı yönün potansiyel getirisi 100x ve fazlasıdır. Ölçeği ve kapsamı dünya vatandaşlarının varlıklarını, ülkelerin kötü ekonomik yönetimlerinden koruma arzusu ile büyüyen ilk gerçek global balondur. Amerika Merkez Bankası gibi merkez bankalarının tetiklediği 2008 global krizinin küllerinden bir Anka kuşu gibi yükselmiştir.

Bitcoin'in sahipsiz bir değer saklama aracı olmasının jeopolitik etkileri de söz konusudur. Global ve enflasyonist olmayan bir rezerv para birimi, ulus devletlerin para politikalarında kendilerine çekidüzen vermelerini sağlar. Ulus devletler kendilerini fonlamak için dolaylı ve sinsi bir vergilendirme sistemi olan para basıp enflasyon yaratmak yerine politik olarak daha çok keyif kaçıran direkt vergilendirmeye yönelebilirler. Para basımı ile vatandaşın kazançlarını seyreltemeyen devletlerin, vergilendirmenin tek fonlama aracı haline gelmesi ile devlet kurumlarının küçültüp kendileri için ızdıraplı bir dönüşüm sürecine girdiğini görebiliriz. Son olarak da Charles de Gaulle'ün global ticaret için hayal ettiği şekilde, hiçbir ülkenin ayrıcalığının olmadığı bir dünyanın parçası olabiliriz:

> Uluslararası ticaretin, dünyadaki talihsizliklerin yaşanmadığı zamandaki gibi yeniden yapılandığı, herhangi bir ülkenin işaretini taşımayan, tartışmaya açık olmayan bir parasal tabanda yapılmasını gerekli olarak görüyoruz.[44]

Bundan elli yıl sonrasında bu parasal taban Bitcoin olacaktır.

---

[44] http://bullishcaseforbitcoin.com/references/degaulle-speech

EPİLOG

BÜYÜK TARTIŞMA

Bitcoin nedir? Bu görünürde basit soruya Bitcoin yazılımcıları ve yatırımcıları yıllar boyunca cevap aramıştır. Cevap arayışlarının doruk noktasında yani 1 Ağustos 2017'de ise bu soru Bitcoin ağının bölünmesine sebep olmuştur. Satoshi Nakamoto'nun Bitcoin'i yarattığı yılların devamında iki farklı ideolojiye sahip grup belirmiştir. Bunlardan birisi Bitcoin'in Visa veya Paypal'e benzeyen ama onlardan farklı olarak merkezî olmayan bir ödeme sistemi olduğunu savunmuştur. Bu grup için para olmanın şartı değiş tokuş birimi olmaktan geçer. Diğer grup ise Bitcoin'i Bitcoin yapanın sansürlenemez yapısı olduğu ve Bitcoin protokolünün kontrolünün herhangi bir grubun eline geçmesinin olabilecek en kötü şey olduğunu savunmuştur. Bu grup, Bitcoin'in merkezsiz yapısının üzerinde durarak, onu altının dijital bir versiyonu olarak görmüştür.

İdeolojik olarak farklı bu iki grup arasındaki tartışmanın karmaşıklaşıp büyümesinin bir sebebi de Bitcoin'i keşfeden kişinin, keşfinden kısa bir süre sonra ortadan kaybolmasıydı. Bitcoin'in dizaynını ilk olarak yayımladığı tarihten 772 gün sonra, 12 Aralık 2010 tarihinde Satoshi Nakamoto Bitcoin forumundaki son yazısını yazar. Nakamoto'nun kaybolmasının daha emekleme aşamasındaki bu yazılım için önemli sonuçları olmuştur. Projenin mimarı Satoshi olmadan, Bitcoin projesi üzerinde çalışan yazılımcı topluluğunu ortak bir amaç için yönlendirecek kurucu lider kalmamıştır. Nakamoto'nun proje için ne amaçladığını en net şekilde gösteren doküman, 31 Ekim 2008 yılında yayımladığı ufuk açan "Bitcoin Teknik Doküman"dı. Bu kısa doküman ne yazık ki Bitcoin'in ilk olarak değiş tokuş aracı mı yoksa bir değer saklama aracı mı olacağını açıklamıyordu. Yüzlerce forum yazısı ve Bitcoin üzerine çalışan yazılımcılarla olan e-posta değiş tokuşlarında da Bitcoin'in parasal yapısının ne olacağı kesin bir dille belirtilmemiştir. Bazı yazılarında Nakamoto, Bitcoin'in altına benzerliği ve değer saklama aracı özelliği üzerinde durur:

> [Bitcoin] özellik olarak değerli metale benzer. Arz fiyatı belli bir noktada tutmak için değişmez, arz önceden bellidir ve fiyat değişir. Kullanıcı sayısı arttıkça da coin başına fiyat da artar. Pozitif geri bildirim döngüsüne girmesi muhtemeldir, kullanıcı sayısı arttıkça fiyat, fiyat arttıkça da daha çok kişinin dikkatini çektiğinden kullanıcı sayısı artar.[45]

Bazen de Nakamoto'nun Bitcoin'den ödemelerde kullanılan bir değiş tokuş aracı olarak bahsettiği görülmektedir:

> Embriyo formundaki Bitcoin her türlü parasal öngörüyü eşit şekilde destekleyecek biçimdeydi.

---

45   http://bullishcaseforbitcoin.com/references/satoshi-gold-quote

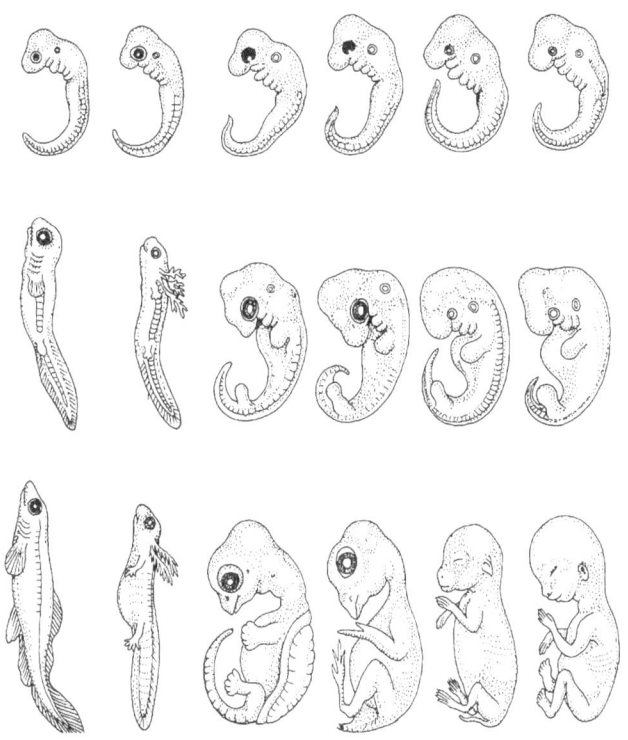

Farklı türlerin embriyoları erken aşamalarda benzer görünür

Bir taraftan, Bitcoin ağı çok düşük transfer ücretlerine sahipti ve böylece Bitcoinler dünyanın her yerine düşük bir maliyetle gönderilebiliyordu. Bu yapısı ile Visa gibi kredi kartı ağlarına karşı bir avantaja sahipti. Diğer taraftan ise zaman geçtikçe Bitcoin'in değiş tokuş değerinin azımsanmayacak derecede artması onun iyi bir değer saklama aracı olduğunu gösteriyordu. Çoğu farklı tür, embriyo aşamasında birbirine benzerlik gösterir, embriyo büyüdükçe DNA dizilimindeki talimatlara uyarak farklılık göstermeye başlar. Bitcoin'in DNA'sı da protokoldeki uzlaşı kurallarıdır. Uzlaşı kuralları hangi Bitcoin versiyonu ile devam edileceğini gösterir.

PROTOKOLLERİN DEĞİŞTİRİLEMEZLİĞİ

Protokoller, bir sistemi kullanmak isteyen kullanıcıların uymak zorunda olduğu kurallar kümesidir. TCP/IP yazılım protokollerine iyi bir örnektir, bu protokol internet üzerinde iletilen bilginin şifrelenmesi ve iletilmesi ile ilgili kuralları içerir, farklı bir protokol olan SMTP ise e-postanın iletilmesi ile ilgili kurallar içerir. Protokoller sadece yazılımsal değildir, fiziksel donanımlarda da karşımıza çıkarlar. IEC 60906-2 ve NEMA 5-15 prizlerin ve fişlerin standardını oluştururken prizlerden iletilecek gücün voltaj ve amperini de belirtir.

Çok sayıda kullanıcısı olan bir yazılım veya donanım için belirlenmiş bir protokolün değiştirilmesi gayet zordur. Protokolü kullanan ürünleri üretenler protokolün değişmeyeceği varsayımı ile ürün ve cihazlarını üretirler. Geniş çapta kullanılan bir protokolün değiştirilmesi ise ekosistem dâhilinde bulunan herkes için yüksek maliyet yaratır. Mesela, bütün Kuzey Amerika'da prizlerin değiştiğini düşünün. Böyle bir değişiklikte bütün cihazların fiş girişlerinin de değiştirilmesi veya bir adaptör kullanılarak yeni prize uygun hale getirilmesi gerekir. Protokol güncellemelerinin yaratacağı sorunlar için istisnai olan bir durum ise

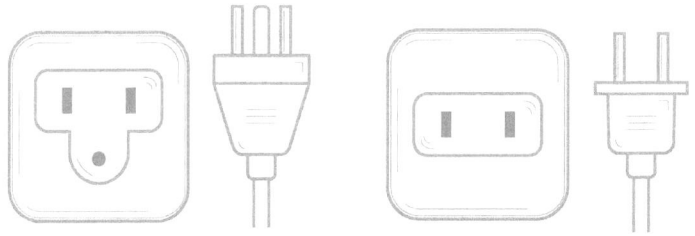

Topraklamalı priz girişi, ikili fişlerin de kullanılabileceği şekilde geriye dönük uyumluluk sağlar.

geriye dönük uyumluluktur. 1924'te keşfedilen üç girişli topraklamanın da olduğu prizler elektrik çarpması riskini azaltıyordu. Eski iki girişli cihazlar ise bu üç girişli prizi kullanmaya devam edebiliyordu.

9 Ocak 2009 yılında Satoshi Nakamoto Bitcoin teknik dokümanını yayımladığında, internet üzerinden değer transferi sağlayan bir protokol yaratmıştır. Nakamoto dizaynının fonksiyonel bir ağ haline geldiği zaman, protokolü geriye dönük uyumluluk olmadan değiştirmenin neredeyse imkânsıza yakın bir zorlukta olacağının farkındaydı. Bu konu hakkındaki yorumunu ise 17 Haziran 2010 tarihinde, "Versiyon 0.1'in çıkmasıyla birlikte temel dizayn ömrünün sonuna kadar taşlaşıp değişmeden kalacaktır,"[46] olarak yazmıştır.

BÖLÜNME

Bitcoin protokolü, ağ üzerindeki hangi mesajın geçerli, hangisinin ise geçersiz olduğuna, ağ üzerinde çalışıp kuralları uygulayarak karar veren bilgisayarlardan oluşmaktadır.

46 http://bullishcaseforbitcoin.com/references/satoshi-protocol-quote

Uzlaşı kurallarına göre hareket etmeyen bilgisayarların çıktıları ağ tarafından reddedilir. En önemli uzlaşı kurallarından birisi ise blok başına kaç adet yeni Bitcoin üretileceğidir. Blok ödülü kuralı bir yandan da Bitcoin'in enflasyon eğrisini belirlerken, toplam arzın 21 milyon Bitcoin'den fazla olmayacağının garantisidir. Bir diğer önemli kural ise blok büyüklüklerini dikte eder, bu kural ile birlikte bir bloka kaydedilebilecek maksimum işlem sayısı limitlenir. Bu kural orijinal olarak 2010 yılında, yaşanan hizmet engelleme saldırılarına [DoS saldırısı] karşı bir önlem olarak ortaya çıkmıştır.[47]

Blok büyüklüğü ile ilgili olan kuralı Bitcoin'in geleceği üzerinde tartışan iki grubun uzlaşamadığı kuraldır. Büyük-blokçular adı verilen bir grup, Bitcoin'in protokolünün değiştirilip blok boyutlarının büyütülmesi ve bir bloka daha fazla işlemin kaydedilebilmesini istiyordu. Bu değişiklikteki kritik nokta bu değişikliğin geriye dönük uyumunun olmaması ve gerçekleşmesi halinde bütün katılımcıların bu değişikliği kabul etmemesi halinde ağda bir çatallanmaya sebep olmasıdır. Büyük-blokçular, Bitcoin'i Microsoft Word gibi bir yazılım olarak gördüler ve işletmelerin değiş tokuş aracı olarak kullanabilmesini ön planda tutarak güncellenebileceğine inandılar. Diğer taraftaki küçük-blokçular adı verilen grup, bu değişikliği reddetti ve blokları büyütmenin Bitcoin'in kontrolünü bu güncellemeyi savunan birkaç firmanın eline vereceğini savundular. Küçük-blokçular güncellemenin Bitcoin çalıştıran

---

47 http://bullishcaseforbitcoin.com/references/theymos-dos-quote

donanımın maliyetini artırıp, daha az varlıklı kullanıcıların ağa dâhil olması önünde bariyer oluşturup merkezsizliğe de zarar vereceğini savundular. Küçük-blokçular Bitcoin'i bir yazılım olarak değil de protokol olarak görmeyi tercih etti ve kuralları değiştirmenin ekosistem zarar vereceğini düşündüler. Eğer ki herhangi bir uzlaşı kuralı değiştirilebilirse, blok ödülleri de dâhil olmak üzere bütün kurallar kolayca değiştirilebilirdi. Bitcoin'e olan talebin büyük kısmı değer saklama aracı olmasından ve arzının sabitliğinden gelir. Bitcoin blok boyutlarının değiştirilmesi, arzın da değiştirilebileceğini de gösterip ağa olan güveni sarsar.

Bitcoin'in iki grubu arasındaki hiddetli tartışmalar 1 Ağustos 2017 tarihinde büyük-blokçuların kendi bilgisayarlarında çalıştıkları yazılımı daha büyük blokları kabul edecekleri yönünde değiştirmesi ve Bitcoin ağının geri kalanı ile uyumsuz hale gelmeleriyle sona erdi. Yeni yazılımı çalıştıran bilgisayarlar Bitcoin ağının geri kalanı tarafından reddedildi ve çatal adı verilen bir işlemle ikinci bir ağ kurdular. İkinci ağ Bitcoin Cash adını aldı ve piyasada ayrıca değiş tokuşu yapılan bir jetona sahip oldu. Bu süreçten sonra Bitcoin'in geleceği ile ilgili olan tartışmalar Bitcoin topluluğunun içinden çıkıp borsalarda BTC ve BCH sembolünü kullanan Bitcoin Cash olarak listelenerek ekonomik bir teste tabi tutuldular. Yatırımcılar artık hangi Bitcoin versiyonunu talep oluşturacaklarını seçebiliyordu. Takip eden yıllarda piyasa, satın alma gücünü güncellemenin yaşanmadığı ağ olan orijinal ve sahipsiz

Bitcoin ağından yana kullandı. Bitcoin Cash ağı zamanla önemsizleşmeye başladı ve küçük topluluğu başka konularda da uzlaşamayarak daha da bölündü.

SON

Piyasa Bitcoin ağını ve orijinal uzlaşı kurallarını sıkı bir şekilde destekleyerek, Bitcoin'in asıl değerinin, kolaylıkla güncellenen bir yazılım olmasından değil de değiştirilmesi zor bir protokol olmasından kaynaklandığını gösterdi. Uzlaşı kuralları net ve oturmuş olan bir protokol olan Bitcoin'in blok büyüklükleri ve blok başına aktarabileceği işlem sayısı limitli kalmaya devam edecek gibi duruyor. Kullanımın artması ile birlikte Bitcoin'in limitli blok alanına daha fazla talep oldukça, transfer ücretleri de zamanla artacaktır. Bitcoin ağı ekmek, bir bardak kahve almak gibi küçük ödemeleri gerçekleştirmek için maliyetli bir hale gelirken büyük montanlı transferlerin gerçekleşeceği global bir finansal sistem olacaktır. Bitcoin ile yapılmak istenen küçük ödemeler ise Lightning ağı gibi Bitcoin ağı üzerine kurulu ikincil ağlarda ya da bankalar gibi merkezî emanetçiler kullanılarak gerçekleşecektir. Satoshi Nakamoto'nun buluşunun önemini ilk olarak fark eden dahi kriptograf Hal Finney 2010 yılında şunu yazmıştır:

> Bitcoin'in kendisi dünyadaki bütün finansal işlemleri ana ağa taşıyıp herkese yayınlayacak kadar ölçeklenemez. Hafif tasarıma sahip, daha verimli çalışan ikinci katman ödeme sistemlerinin geliştirilmesi gereklidir.

...

Ben de Bitcoin'in kaderinin bu yönde olacağını düşünüyorum, bu "yüksek-güçlü para"yı bankalar rezerv para gibi tutarak, kendi dijital paralarını çıkaracaktır.[48]

Finney, Bitcoin'in ilk olarak değer saklama aracı olması gerektiğini ya da daha önce dediği gibi rezerv para olması gerekliliğinin farkına varmıştır. Rezerv para statüsüne sahip oldukça farklı katmanlar kullanılarak günlük alışverişlerde de kullanılır hale gelecektir. Bitcoin'in Visa ya da Paypal gibi ödeme sistemleri ile rekabet etmeyeceğini, yalnız sahipsiz bir değer saklama aracı olarak global finansal sistemin ihtiyaç duyduğu para tabanı olacağını anlamıştır. Bu en baştan beri Bitcoin'in DNA'sına—uzlaşı kuralları ile—işlenmiş alın yazısıdır.

---

48 http://bullishcaseforbitcoin.com/references/finney-second-layer-quote

TEŞEKKÜRLER

"Bıtcoın İçın Boğa Senaryosu" makalesını yazmaya başladığım 2017 yılının başlarında bir Bitcoin'in fiyatı 1.000 dolar civarında gidip geliyordu. Makaleyi ilk yazma amacım bu muazzam teknolojinin önemini birkaç yakın arkadaşla ve bir kısım Wall Street yatırımcısı ile paylaşmaktı. Makalenin, gönüllüler aracılığı ile yirmi farklı dile çevrilip yüzbinlerce kez okunmasını beklemiyordum. Okuyucu kitlesinin bu seviyede artmasının bir kısım sebebinin insanların Bitcoin'i ve önemini anlama konusundaki artan talepleri, bir kısım sebebinin de meslekten (yazılım, ekonomi, finans) olmayan insanların da bu karmaşık konsepti rahatça anlayabileceği dilde yazılması olarak görüyorum. Makalenin ve devamında kitabın yazımı ve basitleştirilmesi sırasında paha biçilmez katkıları ile yardımcı olan herkese en içten teşekkürlerimi iletiyorum.

İlk teşekkürümü, kitabın önsözünü yazan ve kurduğu hayır kurumu Saylor Academy ile bedava eğitime herkesin ulaşabilmesini sağlayan Michael Saylor'a iletiyorum. Kitabın kapağında ve her bölümün başında kullanılan sanat eserlerini kullanmama izin veren, Twitter'da tanıştığım @BitcoinUltras takma isimli sanatçıya teşekkür ediyorum. Üçüncü olarak kitapta kullandığım, bir resim bin kelimeye bedel aforizmasının karşılığı olan grafikleri hazırlayan arkadaşım Sanjay Mavinkurve'ye teşekkürler. Daniel

Coleman, Michael Hartl, Ben Davenport, Mat Balez ve Stephan Kinsella'ya yazıyı düzenlememde ve daha rahat anlaşılır bir hale getirmemdeki yardımlarından dolayı teşekkürü borç bilirim. Alex Morcos, John Pfeffer, Pierre Rochard, Koen Swinkels, Ray Boyapati, Michael Angelo, Patri Friedman, Ardian Tola ve Michael Flaxman'a yazının netleşmesi için sağladıkları geri bildirimler için teşekkürler.

En son ama en önemli olarak da hayatımdaki en önemli üç ilham kaynağım canım çocuklarımın annesi, eşim Lisa'ya sonsuz teşekkürler.

SORUMLULUK REDDİ

Bu kitapta yazılı olan görüşler ve içerisinde olabilecek hatalı her bilgi tamamı ile bana aittir. Kitap kesinlikle yatırım tavsiyesi değildir ve bilgilendirme amaçlıdır. Yatırım tavsiyesi için lisanslı profesyonel yatırımcılardan destek alınız.

YAZAR HAKKINDA

Avustralya'da doğup büyüyen Vijay Boyapati 2000 yılında bilgisayar bilimleri alanındaki PhD'sini tamamlamak için Amerika Birleşik Devletleri'ne yerleşmiştir. Doktora programına kaydolmak yerine küçük bir girişim olan Google adında bir firmada çalışmaya başlayıp firma için makine öğrenimi geçmişini de kullanarak birkaç yıl boyunca Google News'ün sıralama algoritması için iyileştirme çalışmaları yapmıştır. Boyapati bol kazançlı işinden 2007 yılında ayrılıp New Hampshireli ABD başkan adayı Ron Paul'un, 2008 başkanlık kampanyası için destek verecek yüzlerce gönüllü ve milyonlarca dolarlık bağış toplamak adına yardımda bulunmuştur. 2011 yılında Boyapati, Bitcoin'den haberdar olur ve Bitcoin'in uçsuz bucaksız tavşan deliğine giriş yaptığındaki amacı hiçbir devletin arkasında durmadığı, hiçbir emtiaya göre değerlenmeyen bu yeni tip internet parasının işleyişini anlamaktır. Güçlü Avusturya Okulu bilgisini de kullanarak "Bitcoin İçin Boğa Senaryosu" makalesini 2017'de kaleme aldığında yapmak istediği, her seviyeden insanın anlayabileceği şekilde Bitcoin'i anlatabilmekti.

Vijay Boyapati, Avustralya Ulusal Üniversitesi'nin Fen Fakültesi'nden en üst düzey başarı ile mezun olup Üniversite Madalyası almıştır. Kendisi iyi bir eş ve sevgili çocukları Addie, Will ve Vivi'nin babasıdır. Ailesi ile birlikte Seattle, Washington'da yaşamaya devam ediyor.

İNDEKS

#
6102   76
21 milyon   12, 26, 73, 93, 104

A
ağ etkisi   61, 70
altın kontrol kanunu   29
Amerika Merkez Bankası   53, 87, 95
asimetrik iddia   95
Azar, David   45

B
Back, Adam   4, 6
Binance   78
Bitcoin madenciliği   12, 53, 66-67, 80, 82-85
Bitcoin protokolü   43, 50, 73, 99, 103
Bitfury   83
bit gold   6-9
Bitmain   83
BitMex   89
blok büyüklüğü   104-106
bölünebilirlik   20,
Brown, Josh   37

C

capital controls	22, 24, 29
Casares, Wences	45
Casey, Michael	41
Chainalysis	48
Chaum, David	4, 5, 7
Coinbase	47, 79
cypherpunk	1, 4, 43, 46

Ç

çatallanma	71-72, 104
çevre	64-68
çifte harcama	80-82
Çin, Çin Hükümeti	37, 52-53, 67, 78, 82-84

D

Dai, Wei	4-7
dayanıklılık	19, 21, 23
De Gaulle, Charles	53, 96
devlet saldırısı	74-76
DNA	101, 102, 107
Drogen, Leigh	38
Druckenmiller, Stanley	48

E

ecash	3-7
ele geçirme	3
el koyma	76
enflasyon	ix, x, xi, 13, 28, 86, 95, 104

F

Facebook	45
fırsat maliyeti	32-33, 45, 54-55, 63
Finney, Hal	2, 7-8, 93, 106, 107

G

Gartner Hype Döngüleri	41, 42-44, 52, 60
gönderi/transfer ücretleri	62, 63, 101, 106
Gradwell, Philip	48

H

Hanyecz, Lazslo	43, 83
HashCash	4, 5
Hernandez, Carlos	69
hiperbitcoinleşme	57
Hindistan	24, 29
hiperenflasyon	45, 55-57, 69

İ

ikame edilebilir	7, 19, 21, 24-25, 92
inanç	39, 55
izinsiz	29, 75

J

Jones, Paul Tudor	48

K

kabul görmüşlük	21, 27, 28, 63, 93

Karpeles, Mark	45
koleksiyon ürünü	14-15, 32, 34, 93
Krawisz, Daniel	57
kriptografi e-posta listesi	1, 2, 7, 9
kurumsal yatırımcı	47-48, 85, 95
Kuzey Kore	52

L

Lightning ağı	63-64, 106
Lindy etkisi	28, 94
Lord Keynes	17

M

madencilik donanımı	83
mahremiyet	2, 25, 92, 93
Manchin, Joe	75
May, Tim	3
McCook, Haas	65
merkez bankası	x, 22
merkeziyet	5
Microsoft	66, 72, 104
Microstrategy	ix, xii, 48
Monero	92
MtGox	29, 43, 45-47, 86
mutabakat	63

N

Nash dengesi	15

P

Pal, Raoul	90
paranın kökeni	13, 14
Parasallaşma süreci	35, 37, 51 62, 78, 87, 88, 91, 93
Popper, Nathaniel	34

R

Roosevelt, Franklin	76

S

sansürlenme zorluğu	21, 28
sahteleştirme maliyeti	20
SHA256	83-85
Siçuan bölgesi	66
Silikon Vadisi	3, 45, 53
Silk Road	44, 75
Simon, Herbert	12
Szabo, Nick	4, 6-9, 14, 20

T

teminat	87-90
Tesla	48

U

Ulbricth, Ross	44
uzlaşı kuralları	102, 104, 106, 107

V

Ver, Roger	44
Visa	99, 101, 107
volatilite	54, 60
Volcker, Paul	86-87

W

White, Larry	36
Winklevoss	45, 60
Woo, Willy	46

Z

Zcash	92
Zuckerberg, Mark	45

www.BullishCaseForBitcoin.com

www.ingramcontent.com/pod-product-compliance
Ingram Content Group UK Ltd.
Pitfield, Milton Keynes, MK11 3LW, UK
UKHW061644240426

12049UKWH00029B/157